U0126072

是巧合吗？

［日］佐藤由美子 著　　马梦雪 译

台海出版社

北京市版权局著作合同登记号：图字01-2021-6546

"SHINKURO CHIAN-YISHUN DE JINSEI WO KAERU 'I0BYO SUICHI'"
by YUMIKO SATO
Illustration by TAKAHIRO SHIMADA
Copyright © 2019 Yumiko Sato
All Rights Reserved.
Original Japanese edition published by FOREST Publishing, Co., Ltd.
This Simplified Chinese Language Edition is published by arrangement with FOREST Publishing, Co., Ltd. through East West Culture & Media Co., Ltd., Tokyo

图书在版编目（CIP）数据

是巧合吗？/(日)佐藤由美子著；马梦雪译. —北京：台海出版社，2022.5
ISBN 978-7-5168-3249-3

Ⅰ. ①是… Ⅱ. ①佐… ②马… Ⅲ. ①心理学－通俗读物 Ⅳ. ①B84-49

中国版本图书馆CIP数据核字(2022)第047316号

是巧合吗？

著　者：［日］佐藤由美子　　译　者：马梦雪

出 版 人：蔡　旭　　策划编辑：刘　可　王　玉
责任编辑：姚红梅　　封面设计：李　璐

出版发行：台海出版社
地　址：北京市东城区景山东街20号　邮政编码：100009
电　话：010-64041652（发行，邮购）
传　真：010-84045799（总编室）
网　址：www.taimeng.org.cn/thcbs/default.htm
E-mail：thcbs@126.com

经　销：全国各地新华书店
印　刷：北京金特印刷有限责任公司
本书如有破损、缺页、装订错误，请与本社联系调换

开　本：787毫米×1092毫米　1/32
字　数：130千字　印　张：7.75
版　次：2022年5月第1版　印　次：2022年5月第1次印刷
书　号：ISBN978-7-5168-3249-3

定　价：49.00元

版权所有　翻印必究

在这个神奇的故事里，

每个人的内心深处都有一个开关，

十秒就可以出现“共时性”现象……

故事人物介绍

辛苦小姐

辛苦星球大王的女儿。过去，住在辛苦星球上的居民每天都能产生心理共时，欢乐无忧。但自打“那件事”发生之后，他们就再也无法产生共时性现象了，于是只能靠舔糖果熬过辛酸时刻。诞生在辛苦星球上的辛苦小姐从出生那刻就被预言是“辛苦星球的救世主”，并被送到地球的共时性心理学专家砂糖由美身边。在地球上，辛苦小姐一边上班，一边从砂糖小姐那里学习引发共时性现象的“十秒开关”法则。

砂糖由美老师

共时性心理学专家，起床困难户。在人生低谷期开创了“十秒开关”法则，从此之后，她不断产生共时性现象，就此人生开始转运，还成了帮助无数人转运的专家。在辛苦星球大王的委托下，向被派来地球的辛苦小姐传授“十秒开关”法则……她乍看十分沉稳，可一旦进入亢奋状态，便会鼓舞辛苦小姐。

目录

辛苦小姐前往地球

今天的课感觉怎么样啊？
唉，真的……能顺顺利利的吗？
半年前，也有人和你说了一样的话哟……
你看那个星球，那颗星名为辛苦星球！
辛苦星球？
直到半年前，那里的居民还诸事不顺死气沉沉的呢！
欸……不是吧！
哈哈哈哈！
摇晃
摇晃
呀！！
看！那颗星球在大笑！！
终于恢复生机了呀！！
辛苦小姐！！
『十秒开关』……
开启……

半年前
辛苦星球上
舔
舔
舔
舔
舔
唉……没一件事是顺心的，太痛苦了！
辛苦大王的女儿
辛苦小姐
舔
舔
哇哈哈哈
？
哈
哈
哈
哈
摇晃
摇晃
哈哈哈哈！
这是地球的笑声！
什么声音？！
他们为什么能笑得那么开心呢？
哈
哈
哈
哈

地球如此欢乐的原因调查出来了吧!
据说是因为有位叫砂糖由美的专家开创了“十秒开关”法则。
『十秒开关』?!
是的,所以他们事事顺意,生活幸福。
……
辛苦大王
几天后
其实,辛苦星以前也是如此欢乐的。
但不知为何,就在你出生之前,人们开始变得郁郁寡欢,诸事不顺!
你听说最近的“地球欢笑事件”了吗?
嗯,他们为什么会这么开心呢?
?!
你出生时,曾被预言是星球的救世主!!
能拯救这颗星球的人就只有你了!只有你!!
我?!

说是让我去向这个人讨教开启“十秒开关”的方法。
砂糖由美老师？
调查结果在此。
『十秒开关』?!
地球欢笑是因为有“十秒开关”。
所以你在地球上需要以上班族的身份生活！
?!!
据说要想开启“十秒开关”就必须像地球人一样生活！！
不是吧！
不要啊！
就这样，辛苦小姐被送往了地球。

关于“共时性现象”

“我想实现那个有些难以实现的愿望！”

“如果人生大道能再平坦一些就好了……”

“我太难了！”

“每天都要问自己一遍：我到底想做什么……”

若你也有同样的苦恼，请继续往下看。

这本书会将引起共时性现象的“十秒开关”法则系统地传授给各位读者。

共时性现象是由瑞士心理学家荣格提出来的一种精神效应，是指“偶然的一致性”。简单来讲，共时性现象是指身边恰好会发生与你此刻心中所想相一致的事情。

比如说，结束一天的工作后，你身心疲惫地站在拥挤的地铁里，心想：“要是有空位就好了……”，就在此时，坐在你面前的人突然起身准备换乘，于是你获得了一个位置——这就是一种共时性现象。

再比如说，你想要一架昂贵的电子琴，但又苦于只有5万日元的预算，就在此时，社交网站上一个朋友发帖——“要搬家，5万日元转让电子琴”，你打开图片一看，恰好就是你心心念念的款式 —— 这也是一种共时性现象。

若你能通过本书熟练掌握“十秒开关”法则，引发共时性现象，那接下来你的生活定会惊喜不断，烟花璀璨。

但是，辛苦星球上的居民们却完全无法引起共时性现象。

这导致他们的人生诸事不顺，一生只笑过两次。忧愁时，他们便只能靠舔糖来治愈痛苦的自己。

其实，曾经辛苦星的居民也是能引发共时性现象的。只不过后来因为“那件事”，这种能力被封印了。

漫画会通过十个章节向读者呈现辛苦星的救世主辛苦小姐在被送往地球之后向砂糖由美老师学习“十秒开关”

法则的欢乐故事。这其中，“那件事”的神秘面纱也会被揭开。

也许读者们在不知不觉中正做着“那件事”呢！以前的我也总是做“那件事”，所以在三十五岁之前，我的人生就没有顺过。

而我在人生低谷期开创了“十秒开关”法则，它至今陪伴了我十二年。我凭借“十秒开关”法则引发共时性现象，人生开始转运。而“那件事”也在不知不觉中消失了。与此同时，我的咨询者和学生也在“十秒开关”法则的帮助下，人生开始顺遂起来。

“十秒开关”法则简单却又玄妙，这种玄妙很难用文字来表达。所以，我选择用漫画这种直观的形式来讲述。若是能因此和读者心意相通，我将感到无上喜悦。

现在，就请各位读者和辛苦小姐一起，一边欢笑一边享受，共同踏上“十秒开关”法则的学习之旅吧！

感知自己此刻的心情

放下那些不利于引发共时性现象的

“社会常识”和“世俗的目光”吧

辛苦小姐来到地球待了几天后……
哇啊啊啊啊啊……
明天就是约定的日子了……
感觉自己快废了！！
果然，天底下的上班族都是一样的惨……
舔
舔
就在这栋楼里
有砂糖由美老师的事务所！
颤抖的手
叮咚

欸~来了！
请问有什么事吗？
欸……
您帽子上有一个卷发夹……
啊哈哈，不好意思！
开门时有点匆忙。
莫非你就是辛苦小姐？
欸？嗯！是我……
我们约的不是明天吗？

『十秒开关』法则啊……
那到底是什么呀？
真的……能一切顺利吗？
当然！如果你学会“十秒开关”法则的话。
这样啊……具体情况大王都和我说了。
『共时性』的法则哦！
它是能引起
？？？
辛苦小姐，你明白它的意思吗？
吼吼，对呀！
从来没听说过……
共时性？！

共时性是指“偶然的一致”哦！
老B
现在在干吗呢？
老B!!
呦！
好巧！
说出心中所想，就会吸引周围同频率的事物。
太厉害了!!我也可以吗？
当然，不过要先养成十秒的习惯。
十秒？！
但是……

刚才，我说了习惯对吧？想学会“十秒开关”法则，一开始就必须养成习惯。
?!
!
不安!!
我能办到吗……
当然！任何人都可以做到哦！
舔
舔
如果你能坚持学习，引发共时性现象
你们辛苦星一定能重拾笑容！
第一节课是感知！
感知你此刻的内心深处……
我的内心深处……

很简单的！比如你现在心里是怎么想我的？
呃……在想您已经拿掉了粘在帽子上的卷发夹……
对!!这样就对了!!
这样就可以啦！
此刻被肯定的感觉怎么样？
嗯……开心？
没错！漂亮！做得很好！
重要的是自己要明白自己的心情哦！
刚才提到的『共时性』
是指周围会发生与心中所想相一致的事情。
但是不明白自己感受的人又怎会知道自己心中所想呢。
原来如此……所以就无法引发共时性现象。

不理解自己的人是不会被人理解的。
就是这个道理！
那我想被大家理解。
……
你一直都是这种心情吧！
说出来感觉怎么样？
轻松了不少。
然后
你会突然发现：刚才，砂糖由美老师真的体会到我的心情了。
达成共时！

达成共时？那，那又是什么意思？
辛苦小姐你刚才引发了共时性现象哦。
你刚才不是完成了想被理解和被理解的过程嘛！
话……话是这么说……
"达成共时"这个词好像在哪儿听过……
不用每次都准备十秒，以后试着像刚才那样去贴近"此刻的感觉"。
开始的时候三秒就行，试着去感知一下那种情绪。
我现在心里有种很奇妙的感觉……
就是这种感觉！辛苦小姐！

父亲在做什么呢……
辛苦星在哪呢……
天空……一片漆黑啊！
达成共时！
哈哈，开个小玩笑。
这就是我此刻的心情吧！
啊！

第一课

感知自己此刻的心情

欢迎各位进入讲解课堂！

开篇的时候我们讲过，共时性现象是指周围会恰好发生与心中所想相一致的事情。那些凡事顺心、人生顺遂的人，一定是在不断地引发着共时性现象。

引发共时性现象会给你的生活带来什么变化呢？

要想达成愿望，就必须按部就班，一步一步地努力。比如说，你的愿望是发表自己的手工陶艺作品，并希望它爆火。那为了达成这个愿望，你需要做什么呢？

首先，你需要创造出大量的作品；需要磨炼出众人愿意买单的手艺；需要思考提高知名度的方法。

“有好多事情要做啊！”

“好像要花费很多时间和精力！”

“感觉好难啊……最后真能实现吗？”

此时，你不禁开始发愁。

但是，只要你能够引发共时性现象，刚才提及的每一步都能提前完成！比如说，你的脑子里会不断涌现出作品设计的灵感，会遇到让你受益匪浅的良师，会遇到愿意让你展示作品的店家，会遇到教给你线上运营方法的益友。

到那时，这些你本以为需要自己一个人花费大量精力和时间才能完成的“工程”，竟然戏剧性地在短时间内就完成了。之后，你也会因此越发充满干劲，感受到努力带来的快乐。接着，你也会开始思考究竟在哪里出售作品才会拥有更高的知名度，开始学习如何才能拍摄出更加吸引人的照片。

像这样，越是明白自己的想法，越是清楚地知道每一步该怎么走，越是能够采取必要的行动。共时性现象就发生在这一连串的事件中。

那么，如何才能引发共时性现象呢？切记，重中之重就是：

要清楚地明白自己“此时”的内心诉求。

记住这个诀窍！一切尽在此言中。我相信各位只要做到这一点，就一定可以引发共时性现象。

可是，现在社会上处在迷茫中的人越来越多了，为什么会出现这种现象呢？

迄今为止，我接受过六千多人的咨询，在这个过程中我发现他们都被世俗的规定和他人的看法所束缚，脑子里都是“我必须……”“我应该……”。

冷不丁地，他们脑子里也会冒出一句“我想……”，但是下一秒，“不，我不行的”“我还有工作，没时间啊”“大家都会觉得我不行的”这些想法又会重新占据他们的大脑。

这就和辛苦小姐舔糖果的行为一样，他们都拒绝感知自己的真实想法。

拒绝自己真实的想法就等同于拒绝引发共时性现象！

引发共时性现象的第一步就是去感知自己“此刻”真实的想法。

现在，你的心情是怎样的，你在想什么，去感知并将它表达出来，这才是最重要的！哪怕是像辛苦小姐指出“老师，您的帽子上有一个卷发夹”那样，简单地吐露内心也好。

不过呢，“卷发夹粘在帽子上”这件事也确实是真实事件。那是两个月前，我赶去剧本写作课时发生的一个小插曲。

那时，我几乎连续三天熬夜才勉强完成了时长一小时的“首秀”剧本作品，然后我匆忙搭车赶去教室。

坐车时，我头发上还戴着卷发夹，虽然后来我把它放进了包里，但是它却粘在了我包里的贝雷帽上。

我那时没有发现，并在进教室之前把帽子戴在了头上。我就那样上了一个多小时的课，直到后来有人提醒了我。

当时班上几乎都是男生，女生只有一个，但就是那个女生最后纠结地提醒了我。老师和其他同学一定都觉得难以开口吧！

但是如果我们不真实地表达出自己的想法，就会切断别人理解自己的路。

大概是两个月后，我突然决定要将这本书绘成一本漫画，然后我便开始写剧本，那时候我才接触剧本写作几个月而已。

起初，我并没有绘制漫画的想法。当时也只是因为自己开心，疲惫时也没有放弃，坚持完成了时长一小时的脚本。

当初我刚开始学习剧本写作的时候，一窍不通、磕磕绊绊，硬着头皮花了三天才把作品磨出来，但那时的经验却在我绘制这本书时发挥了作用。如果没有那段经历，我绝不会这么异想天开地去考虑画漫画吧。

总之，世上无难事，只怕有心人！我知道接下来我一定会一边头戴卷发夹一边努力赶稿子的！

这也是一种共时性现象。

过去整整十二年，我遵循着“十秒开关”法则，不遗余力地让自己做出的所有选择都能在未来的每一天发挥作用。十二年前，我的人生跌入低谷，我用了十二年的时间终于实现逆风翻盘。所以，如果我可以，那你一定也可以！

一开始，你可以把时间定在十秒钟。不管是在走路、挤电车，还是在做家务的间歇，你都要有意识地去感知自己“此刻”的内心。如此往复，你便会在不知不觉中一点一点地学习到引发共时性现象的能力。

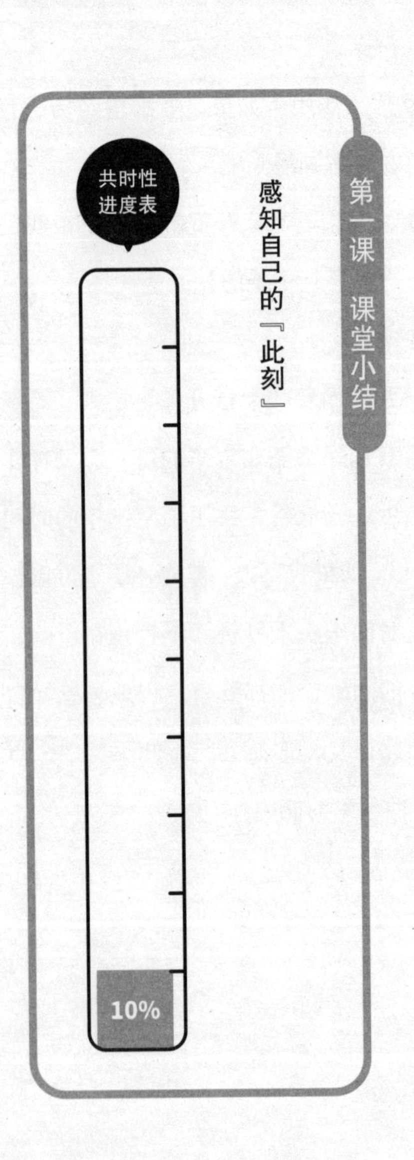
第一课 课堂小结
感知自己的『此刻』
共时性进度表
10%

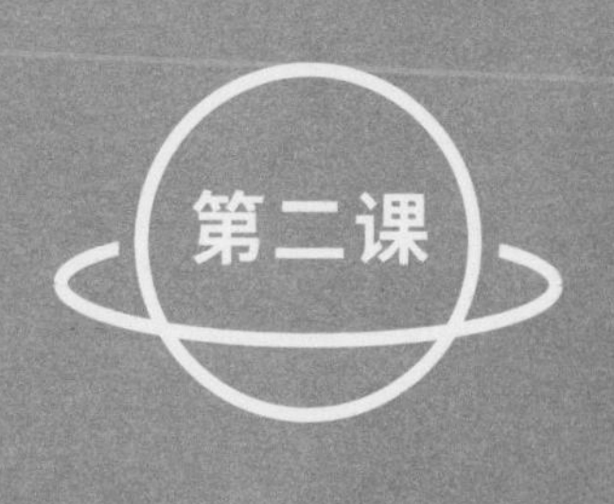

今天也是没自信的一天？

在真实的情感里

内置共时性开关

一周后
中午好!!
你来了!!
最近怎么样?
很顺利嘛!
我看同事做的便当很精致，就夸了句“看起来真不错!”，然后她就把做法教给我了。
是的!
把自己的心情都传达给他人了!
做得很好!
但是……
察觉到自己的心情后和大家的关系也缓和了呢!
其实是我让人难以接近……
是我擅自认为同事们都很难相处……

我也发现我不是很喜欢自己……
和同事相比，我能力不行，又没有自信，
公司里也没有帅气的小哥哥……
不错嘛！
竟然能察觉到苦闷这种心情了！
欸？
这，哪里好了……
呐，你在辛苦星的时候有过这种感受吗？
唔……那时候，不开心的时候就舔糖。
咦？最近一周舔糖的次数减少了……
这不是做得很好嘛！
欸?！
因为真实情感里藏着引发共时性现象的开关哦！
苦闷时就舔糖只是自欺欺人罢了，所以无法触及开关。

人们会说场面话和真心话!
只说场面话会让人忽略自己的真实想法。
我想加班!!
← 场面话
真心话
其实完全不想……
加油好好干!
共时性开关
想要引发共时性现象，就必须明白自己的内心。
??
好复杂啊!
所以是那些能让自己感觉到不开心的话?
能察觉到这一点是很厉害的!值得夸奖哦!

以前在辛苦星的时候，我没被夸过，工作和料理都做不好……
这也值得被夸？
你认为只有工作优秀、出类拔萃才值得被夸吗？
看来你对“夸奖”的定义比较狭窄呀！
欸？难道不是吗？
嗯，不是哦！
肯定你自己的这种自我感知，会让你更接近开关。
事实上，越明白自己的感受就越接近开关。
我懂了！原来是这样的！
那现在要肯定哪些呢？
嗯……我认为我可以做到，一切OK！！
对！继续继续！
说呀！！

今天来上课了，OK！！
每天去上班，OK！！
坐地铁来的，OK！！
能早起了，OK！！
有好好地走路，OK！！
梳头发了，OK！！
那些事情真的值得被夸……呃，用“OK体”表达吗？
当然！
诀窍就是要把门槛放得巨低！！
要在十秒内就能轻松地说两次OK！！
那……
认真听了砂糖由美老师的话，OK！！
我觉得我也能行，OK！！
就是这种感觉！
“十秒开关”法则就是我在察觉到我总是在自我厌弃的时候开创的。
欸?!

我从法学专业硕士毕业后，却深深体会到自己并不适合那一行，苦恼自己一事无成。
当我察觉到这种强烈的自我厌弃后，我决定今后要全盘肯定自己！！
“十秒开关”法则就此诞生！
我竟然真的做到了将理想和工作完美结合！
没想到老师也有过那样的时候！我又有勇气了！
持续开启“十秒开关”会助你慢慢实现愿望。
下次要做到十秒内说出两个 OK 才行哦！

呀哟
我觉得公司里没有帅气小哥哥！OK！！
转
转
小哥哥才是工作的最强催化剂！OK！！
共时共时，共时达成！
……咦？
身体自己动起来了！！

第二课

今天也是没自信的一天？

“十秒开关”法则是我在人生低谷期的时候偶然间开创的。当时完全没想过它竟然能改变我糟糕的人生。

过去，我觉得自己在其他人才的光辉下，黯淡无光、糟糕无比。抱着将来成为一名法律界人士的想法，我考进了政法大学，并一路读到研究生，但毕业时，我却发现其实自己并不想从事法律相关的工作。

“这就是我将世俗评判和父母的要求奉为圭臬后造出的虚假理想。”

可当意识到这一点后，我的感觉更糟了！因为那时我是一个无工作、无收入、无人脉、无充足存款的三十五岁“四无”女中年。

怎么办!!

我一无所有!!

在那之后，我花了七天的时间和自己展开了深入的交流。

后来因为自己喜欢写文章，所以决定要写博客。

但是我是个三十五岁的无业游民，其他人在我这个年龄已经有着体面的工作了，那我写博客究竟有什么意义?

写博客时，我也憧憬过带着一台电脑全国到处飞的生活，但却又深感其遥不可及，像个一碰就碎的幻梦。

记得当时好像有朋友问过我：“你想从事什么样的工作?”

鬼知道啊！

我自己也毫无头绪啊！

从那日起，我决定了无论面对怎样的自己，都要用一种对待至交的态度来和自己相处。那便是“十秒开关”法则诞生的历史瞬间！

低血压却早起的我，不得了！

不擅长用电脑却还是决定写博客，超酷！

写完了一篇博客，天才！

琢磨出了标题，优秀！

有人给我的博客留言，太棒了！

吃饭增强体力，了不起！

我一个劲儿对这些“司空见惯的小事”说 OK！

“写博客”这种目标自然不能和“做一名法律界人士”相提并论，但我还是想对写博客的自己说 OK！否则，我要如何才能激励我自己？唯有如此！

“与写博客相关的所有事，我都可以说OK”——秉持着这样的心情，我开始肯定自己生活中所有毫不起眼的小事！

我对未来抱有不安，能承认这一点真的很棒！

我跟不上这个时代，能承认这一点很了不起！

我写博客有何意义？能承认这一点真的优秀！

我承认、肯定了那些自己察觉到的负面情绪。

而我过去之所以虚假地认为自己想在三十五岁前成为一名法律界人士，是因为我封闭了自己的内心。

我感觉得到内心在抗拒，但不愿面对那个声音，因为那意味着我付出的时间和金钱会付之东流，这种感觉糟糕透了，所以我选择了逃避。

因此我才会说，能承认自己的负面情绪真的很了不起！在我做到能对所有不足为奇的事情说OK之后，渐渐地，我也获得了能肯定自己负面情绪的能力。如此日积月累，我得出了新的感悟：做真实的自己就很OK！

明明对未来充满了不安，但不知从何时起我觉得自己都能搞定。工作上，我因为出版书籍和教材，进行个人咨询，开办讲座而感到充实。情感上，我也因为结婚拥有了归宿。多如星斗的愿望都一个个地实现了。

只需十秒就能开启共时长跑，戏剧般地逆转你的低谷人生。假若当时我没有启动“十秒开关”，那我现在应该还是个只知道宅在家里的无业游民吧！

人生薄如纸。而是否开启“十秒开关”，就是一念之间的选择。

因此我明白了，世人皆可引发共时性现象。人，会和与自己同频的事物产生共时。

想用收音机听节目，那收音机的频率就必须和想听的节目同频。以此类推，唯有与你内心状态同频的事物才能引发现实的共时性现象。所以，引发共时性现象的前提是我们要先明白自己“现在”的想法！

去拓宽对自己使用“OK 体”的范围！

“坐电车上下班的自己”

“晾衣物的自己”

“去购物的自己”

“去接孩子的自己”

“把门口鞋子摆好的自己”

“焦躁不安的自己”

“在意别人看法的自己”

“无法踏出那一步的自己”

“训斥了孩子后失落的自己”

“和丈夫争吵的自己”

请对所有的自己说 OK！如此反复，你便可以创造出适合自己的共时频率。

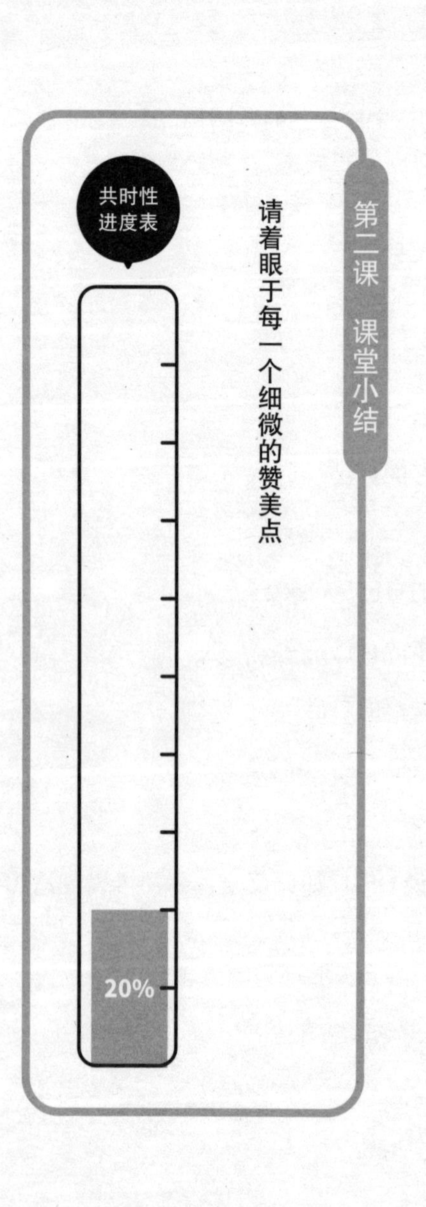
第二课 课堂小结
请着眼于每一个细微的赞美点
共时性进度表
20%

讨厌『没做到』的自己？

不要和“没做到”死磕

“想做到”才是重点

叮咚
欸，
来了
来了！
漂亮
漂亮
戴上帽子！
真棒！
难过
咦……
约的不是
后天吗？
怎么了吗？
因为我突
然讲不出
OK了……

一开始 OK 体是用得很顺。
起床
OK！
刷牙
OK！
穿衣服
OK！
确实，生活中也开始出现一些小小的共时性现象。
想去猫咖……
一起去猫咖坐坐？
共时达成！
（关门声：哐当）
想坐啊
共时达成
心想事成

然后，我发现了自己内心真实的想法。
什……什么？
想和帅气小哥哥谈恋爱……
但这种想法本身就是痴心妄想！
那你肯定自己的想法了吧！
为了能配得上对方，我开始打扮自己。
选化妆品 OK！
进行小脸按摩 OK！
讲究时尚穿搭 OK！
这不是挺好的嘛！

① 卑弥呼是日本弥生时代邪马台国的女王

不许说自己
不行！
惊！
砂糖由美老师……你的人设……
我内心狂热的时候，会切换到亢奋人设。
我觉得这也OK啊！
……

你为什么这么失落?
洗个碗拖拖拉拉……
洗完澡就想睡觉……
症结就在此!!
一般我们不会对没做到的事情说OK。
但是没做到也没什么的。
欸?!
你想洗过碗后再洗澡睡觉。
这种“想做到”的想法是很棒的!
要重视肯定现在这种感觉。
这不难,我可以!
对吧?如果再付诸行动,就完美了呀!
所以,为什么你要重视想洗碗这种心情呢?
为了能配得上优质小哥哥?

共时达成啊！
因为你要重视“想做到”的这种心情啊！
好狂热的共时达成……
它就像陪伴在你身边的挚友哦！
挚友……

我感觉
我也能
做到！
对吧！
只需要
短短十
秒。
咦？
辛苦星在发光？
我想让辛苦星重拾欢笑，OK！
共时
共时
共时达成！
（扭头张望）
我也想要帅哥男朋友
OK！

第三课

讨厌“没做到”的自己？

明明想要减肥，却控制不住自己的嘴……

明明想要考证学习，却忍不住刷起了手机……

明明想要早起做便当，却睡过了头……

面对这样的自己，你会怎么想呢？也许，你会责备自己：“我自制力太差了！”“我做不到啊！”我过去就是这样的一个人。

当我们责备自己“没做到”的时候，往往是因为我

们心里有一个“想成为”“想做到”的理想状态，但是想象很丰满，现实很骨感。

责任感越强，越努力的人，为自己定的标准就越高。

当“我应该这样做”“我必须这么做”的念头变得越来越强烈时，他们就会否定自己所有不符合标准的行为。

但是，请换个角度想一想。“没做到”不正是你存在“想做到”这种想法的最好证据吗？

我希望各位都能注意到这一点。想做到一件事的这种心情是非常珍贵的！这就是我此刻内心的想法。

以前，我不太在意自己想做一件事的心情，满脑子都是“没做到”“没做成”，也就对自己越发严苛，整天盯着自己的缺点，耿耿于怀。

但是，“十秒开关”法则的出现拯救了我，让我绝处逢生。诚如我在第二节课里讲的那样，我接纳了那个处在人生低谷期，决定写博客的自己。因为我想拯救我自己。自那以后，我开始长期关注自己想做一件事的心情。

想要写博客，为此斟酌了一下文章里的梗，棒棒的！

想要写博客，为此喝了杯咖啡，然后全身心地投入，优秀！

想要写博客，为此关注着咖啡馆里小情侣的对话，机智！

像这样，虽然还没写，但是这种一心关注着“想要写”这件事的状态，是值得肯定的！

想要写博客，为此早起，优秀！

想要写博客，为此去了放着电脑的屋子，真棒！

说着这儿，可能都有点牵强了，但是，一旦能够彻底接纳自己，你会感到史无前例的轻松，那种感觉强烈且不可思议。去接纳自己，去肯定自己！如此一来，在你心里，“你”便会成为自己最坚定的盟友。

“你”会安抚自己，不会再因为没有完成计划而责备自己。因为“你”接纳了自己。

举个例子，当你的至交有些事情没有做到时，你不会去责备“他”说：“你这人不行啊！”而会去安慰“他”说：“你已经很努力了！”你想让“他”明白想要努力的心情是多么的可贵。我们要与另外一个自己建立的就是这样的关系。

“你”既是自己最坚定的盟友，亦是终生挚友！

“是你的话，肯定能行！”

持续开启“十秒开关”后，那种自我肯定的心情一定会孕育出另外一个自己。

当初，我也是因为彻底肯定了“我想写博客”的这种心情，才一直坚持了下去。以前，我做事情就喜欢三天打鱼，两天晒网，没什么常性。但那样的我竟也走到了今天，实现了自我价值，这一切都宛如奇迹。我知道这都是因为我开启了“十秒开关”，它使我对自己想做的事情充满信心。而且，在开启“十秒开关”一年多之后，我如愿过上了那种提着电脑全国飞的生活。

开启“十秒开关”，你会看到一个适合自己的未来。

起初，我只是打算通过写博客来实现自我价值，但后来，我的事业范围开始渐渐延展。我开始出版书籍，出售教材，从心理医生摇身一变成了咨询专家……

而这种延展将永无止境。

那是我开始写博客的第十一个年头，某天晚上，我脑海里突然闪过一个想法：“对呀！我得学习写剧本！”

现在看来就是几个月前的事情，当时我并不懂行，想学剧本创作就报了班。去了才发现很多同学都在别的地方学过，像我这样的初学者几乎每天都活在“大佬们真牛！”的震惊中。

如果是以前那个没有开启“十秒开关”的我，看到周围的人都如此优秀，一定会丧失自信。但是，当时的我全身心都专注于想要学会剧本创作的初心，按照自己的节奏坚持学习。但因为工作繁忙，几乎半数的课题我都提交不了。

最终在讲座上，我提交了一个时长一小时的电视剧剧本。“贝雷帽事件”就是发生在那个时候。

平时，要是碰上必须在三天内完成的任务，我都会放弃。但是，因为我不停地肯定自己想学剧本写作的心情，所以我当时决定要尽全力把它做出来。之后，我又突发奇想决定将这本书绘制成漫画，并且自己亲自写剧本。这便是共时性现象的神奇之处！

所以，我衷心地期待各位的改变！

我期待各位能坚持悦纳自己“想做到”的这份心情。当你成为自己最忠实的盟友时，就会发现那扇你认为无论如何也打不开的大门，不知何时就会向你敞开。

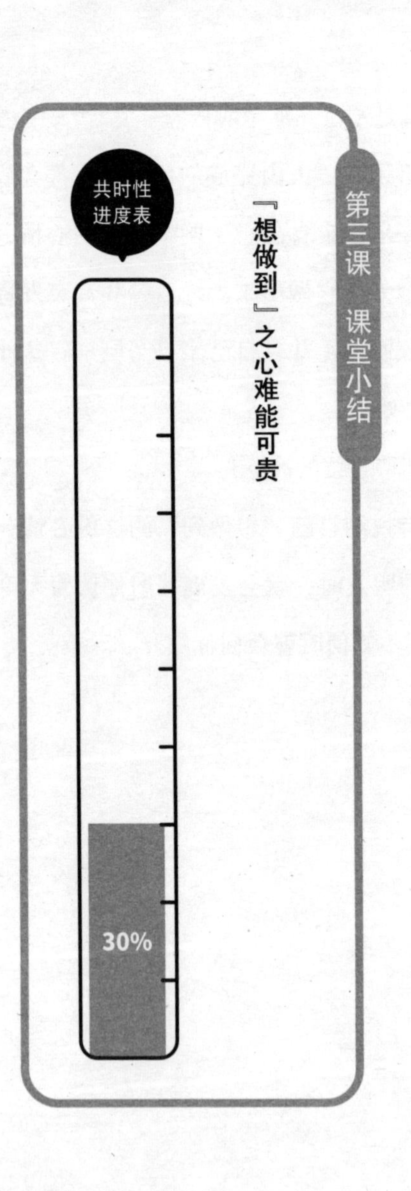
第三课　课堂小结
「想做到」之心难能可贵
共时性
进度表
30%

结婚篇

肯定自我，重拾爱情！

爱情绝缘体的她主动向婚姻进军！

有很多人都在为找不到心仪的对象而感到苦恼。

其实，“无法喜欢上别人”是因为我们“无法喜欢上自己”。这才是问题的症结所在。

曾有一位女性咨询者，她一边忙活相亲，一边苦恼无法遇到让她心动的人，但在开启“十秒开关”之后，她找到了属于自己的爱情。

在一次演讲结束后的联欢会上，我和夏美女士进行了一次交谈。她表示虽然她在不停地相亲，可是苦苦寻觅，却始终没有找到能让她怦然心动的人。

我建议她可以尝试一下“十秒开关”法

则，试着先去肯定自己。

夏美女士听从我的建议，开启了“十秒开关”，然后意识到原来她也可以拥有幸福的婚姻。这是一个巨大的认知突破。

夏美女士自白

开启“十秒开关”后没过几天，我决定参加已婚朋友为我举办的外国友人聚会。

为此，我决定去美容院做一下护理。护理时，我的手机页面弹出了一条相亲活动的消息，不知为何，我当时脑子里蹦出了非去不可的念头。但是，那个相亲聚会就在当天，而且离结束就只剩下三十分钟了。

“我还和朋友有约呢，怎么办……”

我一边纠结，一边按捺不住自己小鹿乱撞的心。于是我和朋友商量了一下，她激动地催我快去。

最终，我按照消息里的地址找了过去。

在那儿，我邂逅了一位男士。在见到他的那一刻我就知道：“就是他了！”

我遵循着内心的指引，大约一年之后，我们结婚了。

到底是什么力量打破了夏美女士无法爱上别人的魔咒呢？

首先，她通过肯定自我唤醒了被封闭的本能和直觉，如此一来，“我可以被爱”“我值得被爱”的这种自我肯定感一定会爆棚。

其次，肯定自我等同于肯定他人。换言之，不认可自己的人不会认可他人。所以，认可自己，就会认可出现在自己眼前的异性，会觉得对方很帅、魅力无限，并重新为对方心动不已。

当然，也经常会有人问我：“为什么‘十秒开关’法则会让人的直觉变得敏锐？”

因为养成这个习惯之后，人的自我肯定感会提高，对现实世界的恐惧感会消失，我们可以坦然地面对生活中的好与坏。当我们用上帝视角来看自己时，一旦好运出现，我们就会调动直觉让自己抓住机会。

顽固的小毛病使人愁？

凡事总会有个好结果的

这位是新同事西园寺。
请大家多多关照！
帅气小哥哥！
又一起共时性事件！！
午休
要不要打个招呼？
偷瞄
算了，人家应该不想理我……
舔舔
越是这种时候越要开启“十秒开关”！！
啊！
我想和西园寺讲话，OK！
西……西园寺!!
搭上话了！不愧是我！

几天后
最近好开心啊！
和西园寺进展顺利
人际关系良好
!
西园寺发来的邮件？
等等!!
他邀请我共进晚餐！！
下周，共进晚餐……
晚餐？
怎么办!!
舔
啊啊疯了疯了！！
舔
舔

不错嘛！！有帅哥请你吃饭！！
但是西园寺要去我家的话……
去就去呀，放轻松！
我的屋子很脏。
那就打扫一下？
马上就会被打回原形。
我是想保持室内整洁来着……
他一定讨厌这样的我……
一直想改却改不掉……
为什么非要改呢？
我到现在还有睡回笼觉的毛病呢！
?!

作为一名起床困难户，反复起床失败是常态。
早起，晨跑，读书……这些是我理想的生活状态。
只不过我一次也没做到！！
呃，这要换作是我，一定会生自己的气。
以前我会生气
但开启“十秒开关”之后，就不会啦!!

只要在最后起床成功时对自己竖一个大大的拇指就好了!
原来如此!
困……OK!
再睡五分钟……OK!
起来了!超棒!
起床时内心不是很挣扎吗?
但是,想补充足够的睡眠OK!
再睡五分钟缓冲一下,OK!
每一个环节都OK的话
最后的结果也会OK!莫名的有道理啊!
我也试试!
想打扫卫生但不是现在,OK!
对对!
但是,不打扫卫生的时候呢……
不妨试着相信凡事总会有好结果的,OK!
这样呀!

但是这有个先决条件！！
盯
这个方法只对开启“十秒开关”的人管用。
因为他们相信凡事终会有个好结果。
也许一开始像是在自我欺骗
但这正是一个良好的开始。
原来如此……因为在真实情感里内置了共时开关……
他们坚信会有好结果，所以在能做事时就会去做。
这样的自己值得肯定哦！
好！
我决定了，周末大扫除，OK!!

嗍
嗍
辛苦星！
我们终会好起来的！
啪……
共时达成！
共时共时
转
转

第四课

顽固的小毛病使人愁？

“想做的事情没做到。”

“无法按计划完成任务。”

生活里经常会出现这样的情况。

在第三课时，老师讲过要珍惜自己想做一件事时的心情。但当“想做却没做到”这种情况已经变成顽固的小毛病或习惯时，我们就要花心思应对了。

因为这些我们想改掉的小毛病都是在日常生活中不

可避免的。以“没能收拾屋子”这种小毛病为例，假设你平时都会收拾屋子，但今天很忙没能收拾，这时候你该怎么办？

根据第三课所学，你要做的是肯定你想收拾屋子的想法。

但是，这世上还有很多人不擅长收拾屋子。因为我见过许许多多因为不会收拾屋子而过分责备自己的人。这个社会追求整洁干净，所以大家都理所应当地认为自己也必须做好清洁。

面对这种情况，我们不妨先把时间轴拉长，再来看待这件事。将“凡事总会有好结果的”这种想法根植到心中。

我在漫画中提过，我是个起床困难户。曾经我也挣扎着想要改掉这个毛病，但最终失败了，所以我选择了放弃。

“放弃”在日语里，也有“乐观接受”的意思。我不再纠结，接受了自己“起床困难户”的人设。

虽说如此，但偶尔我还是会责怪自己。每次要睡回笼觉时，我都会一边嘟囔着“啊，又没能起来”，一边倒头又睡了过去。那句“啊，又没能起来”，其实就是下意识的自责。有些人还会因为责怪了自己而二度责怪自己。

但是，在开启“十秒开关”之后，我看待问题的视角就发生了变化。虽然起床反复失败，但我最终还是起来了啊！我可真是优秀！对，就是很优秀！其实，起床失败时，无论你怎么责备自己都没关系。只要你在成功起床后给自己一个大大的赞，就可以了！

这其中的缘由可以通过“阴极转阳极”的现象来进行解释。太极图中，阴阳两极各占 50%。从正负角度来看，阴极为负，阳极为正。

曾经有人这样和我讲过:“阳极只要比阴极多占‘1%’，阴极就会向阳极转化。”

专家见我一头雾水，便解释道：“当阴极占 49.5%，阳极占 50.5% 时，阳极就比阴极多了‘1%’，这时候阴极会转向阳极。”换言之，负面会转向正面。

但其实，阳极占比为50.5%时，比起常态的50%也就多了0.5%而已。由此可见，只要正面多出0.5%，人生就能转运！

这样的推理完全符合逻辑吧！

在这个过程中，“十秒开关”能发挥出巨大的作用。无论前面你怎么责怪自己，只要你最后去肯定自己，正面就能多出0.5%。所以当你因为那些顽固的小毛病责怪自己时也没关系，只要你坚信“凡事总有好结果的”，事先保持一种最后要让正面多出0.5%的状态就可以了。

这样，便可以心平气和地过好“当下”。

因为共时性现象就是指周围会发生与“当下”心中所想相一致的事情的现象啊！

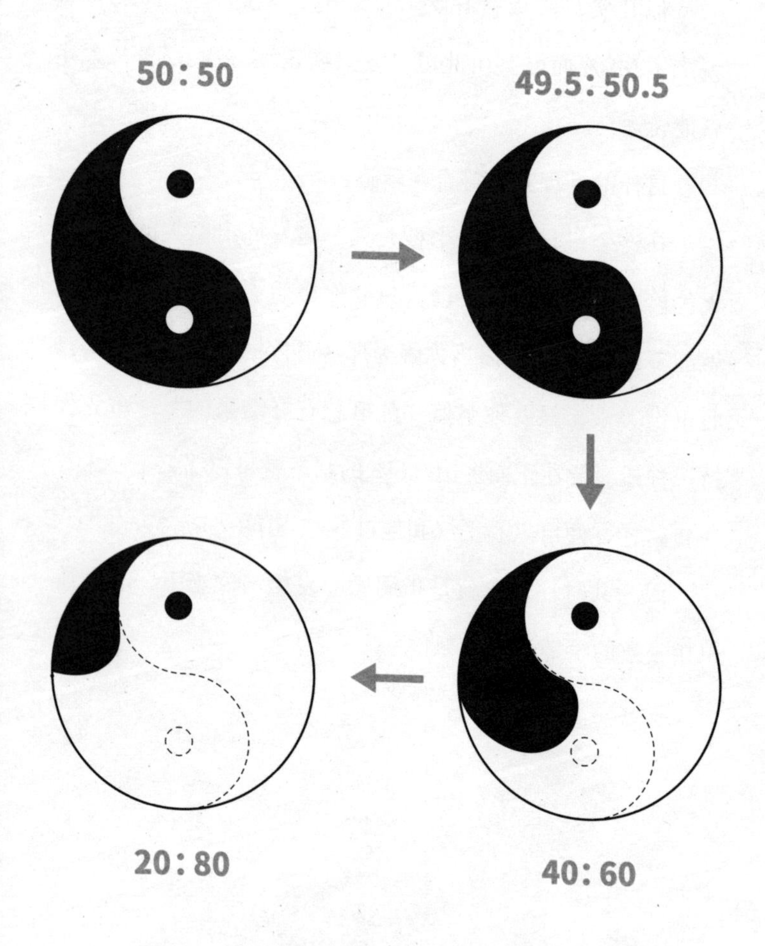

一鼓作气扭转阴阳局面

顺便一提，因为我有睡回笼觉的习惯，所以学生时代也是个“迟到王”。为此，老师常冲我喊道：“你这辈子都不可能改掉这个坏毛病了！”

事实上，成为大人之后，我也的确偶尔会迟到！但是，因为开启了“十秒开关”，所以我始终坚信凡事总会有好结果的！于是乎，一件不可思议的事情发生了！

那是几年前的事了，当时我参加了一个为期三个月的指导研讨会。但糟糕的是，我第一天就睡过头了。而且我中间醒了四次，都没能起来！等我终于起来时，研讨会早已经开始了。

冷静！越是这种情况就越需要“十秒开关”！

我大声对自己说：“我起来了！真棒！”然后赶紧收拾好赶赴现场。当我赶到研讨会现场时，会议已经进行一个多小时了。

那是场约一百人规模的研讨会。因为迟到的缘故，我只能坐在最后一排的唯一一个空位上。坐下去之后，我和旁边的男士自动结成了练习伙伴。

巧的是，邻座的男士那天也迟到了。在交谈中，我得知他一直都是早到坐前排的类型，但不知为何那次却来晚了，而且就比我早到了一小会儿，所以也只能坐在后排。

于是，我们结成了“迟到二人组”！

他说他不擅长交流，所以特别担心组队练习这件事。于是，我手把手耐心地教他，说：“这样问问题的话，对方会容易回答一些。”他听了之后特别感谢我。也许是他觉得我特别好相处吧！研讨会期间，他都坐在我旁边。

研讨会结束后，他和我说道：“今天承蒙你的关照，有你和我讨论真是太好了！作为感谢，我想向你介绍一个人。”他向我介绍的是他在其他讲座上认识的讲师。

无巧不成书，那个讲师最后竟成了我的丈夫！

反复起不来床也没关系。

迟到也没关系。

凡事总会有好结果的。

无论“此刻”境遇如何，只要养成那0.5%的习惯，你就能逆转人生。

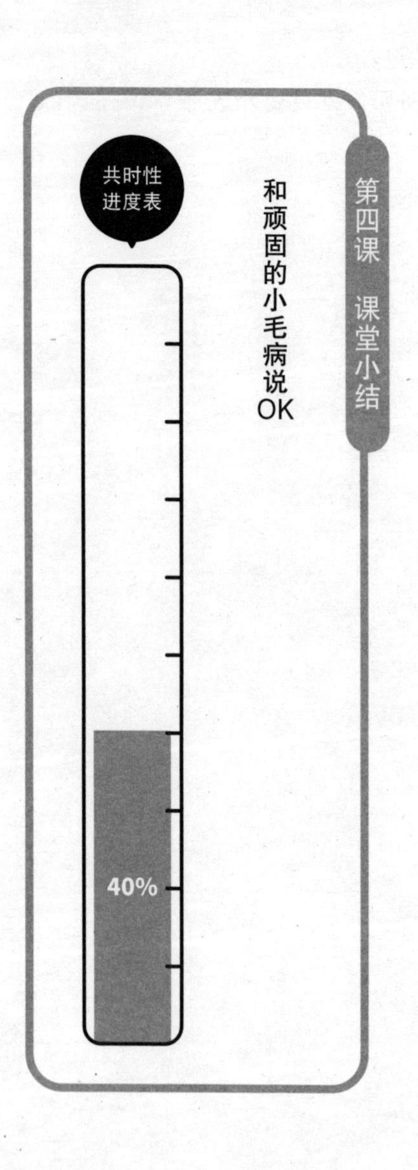
第四课　课堂小结
和顽固的小毛病说OK
共时性进度表
40%

恋爱篇

从单恋、毫无希望到牵手成功！专注于“超棒”的自己！

启动“十秒开关”，和优质男友终成眷属！

世上有很多这样的人：

当你要求他们做出选择，选择真心喜欢的东西或喜欢的事情时，他们往往会感到迷茫，不知道自己到底喜欢什么。

他们不清楚对自己而言何为最好、何为最合适。所以，老师要将“超棒”法则教给各位。

首先，你需要有意识地去关注自己认为“超棒”的事情，这样在你启动“十秒开关”后，于你而言的“超棒”之事才会接踵而至。

接下来，我们一起来看一下美佳女士是如何做到从单恋、毫无希望到与优质男友牵手成功的！

美佳女士自白

记得那个时候，我的心里都是他。

我们会经常约在一起吃饭，一起出去玩儿，彼此也都知道对方家在哪里，但我们的关系却迟迟没有进展，一直微妙地停留在友人以上、恋爱未满的阶段。

我不是很明白他的心思，所以内心难免有些焦躁。

记得那一天，他要参加一个趣味运动。为了给他加油助威，我特意早上在家为他做了便当。但谁知，看到便当后他的脸色猛然僵住，然后婉拒道："谢谢，但是你不需要为我做这些。"

我能感觉到他在抵触，他不喜欢我把我们二人的关系猛然间拉近。

说实话，我当时大受打击！

在那之后，我便和他断了联系。但幸运的是，那段时间我有幸接触到了砂糖由美老师撰写的书，并开启了“十秒开关”。

美佳女士开始关注每天早上她对自己说的话。

据说自那以后，她每天早上都会对自己讲述外出时遇到的那些“超棒”的人或事，讲述那些“超棒”的瞬间。

“那个店员的笑容真是美极了。”

“那个人给人的感觉太舒服了！”

“这朵花真美啊！”

“咖啡店的工作人员笑起来太治愈了！”

“今天遇到了一对超级恩爱的小情侣！”

“那个在电车上给带孩子的妈妈让座位的高中生真是有礼貌！”

…………

我每天都会向自己汇报这些“超棒”的事，就这样大概过了一个月后，朋友给我介绍了一个男生。那个男生特别中意我，对我展开了猛烈的追求。

那段时间，我心里一边感慨“要是我喜欢的那个男生也能这样追我就好了……”，一边又因为对方真切的告白而微微动摇了心思：“感觉和他在一起会很幸福吧！”

但是，我很快就止住了这个念头。不行！我还是想和喜欢的人在一起！我不能欺骗自己！最终，我拒绝了那个男生。

那之后没过多久，我心心念念的那个人竟久违地给我发了一封邮件，说无论如何都想见我一面。

我们那时可以说是久别重逢，但是不知为何我们的想法竟高度契合，所以在他向我告白提出交往后，我们就在一起了。

开启“十秒开关”之前，美佳女士因为找不到男朋友而否定自己，内心焦虑。但是，在表露心意被拒绝之后，她将目光聚焦到“超棒”的事物上，并启动了“十秒开关”，这些行为最终使得她也变成了一个“超棒”的人。

这到底是怎么一回事呢?

其实这是因为“人的潜意识没有主语”。简单来讲就是潜意识会默认“称赞他人优秀＝称赞自己优秀”。所以，在美佳女士寻找“超棒”事物的过程中，她自己也渐渐地变得“超棒”！

美佳女士心仪的那个男生一开始就很优秀，所以当美佳女士也变得优秀时，两个优秀的人相互吸引，引发了共时性现象。

所以，我希望各位从今天开始，去寻找生活中那些于你而言“超棒”或“喜欢”的人和事，并启动“十秒开关”，来拯救迷茫的自己。

你终会遇到你心底认为“超棒”的人、事、工作和现象。

失败就意味着我不行啊！

自我认知越深刻

所处境遇越清晰

打扫完毕，真棒！
坚信凡事总会有好结果的，真棒！
想买一个花瓶来装饰我的花。
几天后
那个不错啊！
这款现在有四折优惠。
不是吧！这么棒！
花瓶
共时性现象呀！太走运了！
共时达成！
哈哈
花瓶
第二天早上
西园寺今天休息？
明天的约会没问题吧？
又一天早上
今天……也休息？
那今晚……取消？
打扰了！
我只知道他的办公邮箱啊……
静……

警察?!
诶……
什么?
警察?
和上司确认情况?
内衣……
逮捕……
什么?!
偷拍……
欸?!
那是西园寺的办公桌……
啊?!
他们在看西园寺的电脑……
肯定会看到西园寺发给我的邮件!
辛苦小姐
期待下周和你共进晚餐哦!
西园寺!!
啊啊啊完了完了!!

这样啊，警察要以偷拍罪和内衣偷盗罪逮捕他……
福祸相倚，这也是一个启动内心深处开关的机会！
机会……
失落是因为你感受到了理想和现实的差距，对吧？
超大的差距！
否则我也不会这么难过。
但是有所追求还是值得肯定的！
道理我都懂，但是……我启动不了“十秒开关”！
我曾因为不擅长在人前发言还认真地去学过一段时间！
教你一个诀窍吧。

可即便如此……
记得那时，我受邀参加一位作家的聚会。
活动
当我在聚会上吃得正开心时，主持人突然点名让我发言，结果我接过话筒说得磕磕巴巴。
那一刻，我清晰地认识到了理想和现实的差距！
怎么回事呀？
对！自那以后，我的事业就变得顺风顺水了。
清晰地认识？

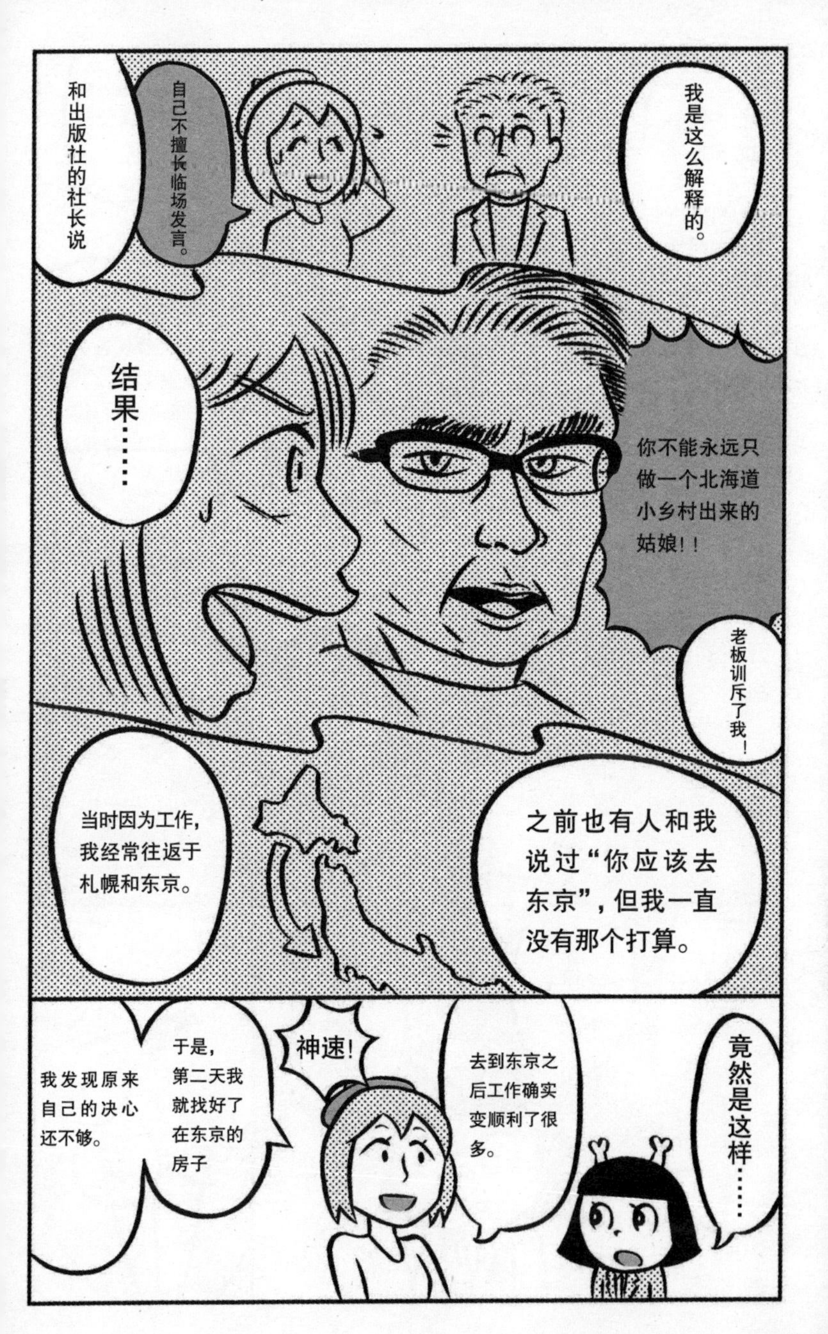
我是这么解释的。
自己不擅长临场发言。
和出版社的社长说
结果……
你不能永远只做一个北海道小乡村出来的姑娘！！
老板训斥了我！
之前也有人和我说过“你应该去东京”，但我一直没有那个打算。
当时因为工作，我经常往返于札幌和东京。
竟然是这样……
去到东京之后工作确实变顺利了很多。
神速！
于是，第二天我就找好了在东京的房子
我发现原来自己的决心还不够。

因为在我们内心深处还有一个开关可以引发更大的共时性事件。
但启动它需要契机。
契机指的就是现实的打击吗?
对! 只有深刻地认清现在的糟糕境遇，你才能启动开关。
所以今天的打击就是我按下开关的契机!!
就是这个道理!
接下来的发展和解决方案都已经涌现在脑子里了。
试着坦率讲出此刻的心情。
我受惊了……
受惊了……
噗

我想起来了！
警察将西园寺的行李全都没收了……
那感觉就像是在搬一具木乃伊！！
啊哈哈
其实这就是件特别搞笑的事……
啊哈哈
我现在也不想约会了
虽然感觉对的人马上就要出现了。
启动开关的话应该会很快出现的！
今后失败时也要坚信“十秒开关”哦！
好的!!
笑过之后就感觉又变得活力满满了!!
你这是恢复到辛苦星人以前的样子了!!
辛苦小姐!!
共时共时！！共时达成！！
转
转
啪

第五课

失败就意味着我不行啊！

有句话说得好：“危机即机遇”。事实上，我也是这么想的。

不过，道理我们都懂，但是情感上还是会因受挫而失落。

当然，有些人会打心底认为：“没关系，这是个机遇！”但大多数情况下，这句话都只是口头上的乐观。人们只是在用表面的乐观来隐藏自己内心的不安而已。

我们在第二节课中讲过，如果你无视内心真实的想

法，就无法启动“十秒开关”。

借今天这堂课，老师想教给各位的是：当你觉得自己很失败或大受打击时，要使用“十秒开关”法则。

若各位能够熟练掌握“十秒开关”法则，就可以开启共时长跑！自然而然地，你就能从心底坚信“危机即机遇”。砂糖由美老师向辛苦小姐讲解的诀窍就是“深刻地认知”。

在我们的内心深处有一个巨大的共时开关，只有你对现实剖析得越深刻，你才越可能走进内心深处，启动开关。

所以换句话来说，“深刻地认知”就是“明确自我境遇”。一旦明确自己的境遇，知道自己所处的状况，我们就能对症下药，破开局面。所以，关键就在于我们是否能够深刻地认清“当下”的现实。这种感觉就像我们玩沙包时，稳稳地用手抓住沙包的感觉。

但事实上，在面对打击或者重大失败时，人们会下意识地选择逃避。因为一旦接受了事实，我们很可能会恐惧、受伤，会从内心深处否定自己的价值。

我曾遇到过这样一位学员。她是一位心理医生，但不知为何她对自己没有自信，遇事总喜欢责备自己。

更有意思的是，平时遇到小事她会责怪自己，可一旦摊上了大事，她反而总会说一些看似很积极的话来欺骗自己。

比如，她会强行安慰自己说："啊！我真是太幸运了！"但显然，她心里并不认同。这只是她逃避打击，保护自己的一种方式。

这和辛苦小姐舔糖果是一个道理。其实，每个人或多或少都有这样的时候。

我是这样给她建议的——当你遇到烦心事时，就集中精力小声地讲出来："啊！这件事真的好烦好烦好烦好烦！"说出来绝对会比你在心里纠结要好很多。

但这些话和乐观的话完全相反啊！

是的！但是，这些话却是非常有用的。

如果能坦诚地对讨厌的事说出讨厌，那我们就能够直面现实、接受现实，就可以启动共时开关。

有一次，她尝试了这个方法。据她回忆，那半天她时不时地就会嘟囔两句，然后她发现那种消极的感觉真的就消失了。她冲破迷茫，获得了新生。

一直以来，她都惯于欺骗自己的情感，所以那次尝试她也只坚持了半天，但若今后养成了习惯，她便可以在短时间做到重置内心。

冲破迷茫之后，她开始在工作上展现出自己的实力。

据说她本是瞻前顾后的性格，但有一次有人邀请她做广播主持人时，她却二话不说地答应了。而且，她还通过微博征集群众的意见，敲定了多年来都没有确定下来的咨询服务范围。

她从未想过人生竟然有一天会出现如此戏剧性的变化。

如果我们能够深刻地认清自己的境遇，承认有些事情自己并不喜欢，有些事情确实还没做到，那就能从自我责怪、迷茫无措的囚笼中解脱出来，并且朝着自己本该前进的方向进发。

唯有冲破迷雾，认清自己，才能引发共时性现象！

如果你想要从一开始就达到能深刻地认知自我的程度，是不太现实的。

唯有先熟练掌握第一课的内容，再循序渐进，才能慢慢学会第五课的内容。

若你能深刻地认知自我，你的人生定能一帆风顺。“深刻地认知”会将你带入一个超乎想象的世界，新的大门会向你敞开。

第五课 课堂小结

要深刻地、勇敢地承认失败和差距

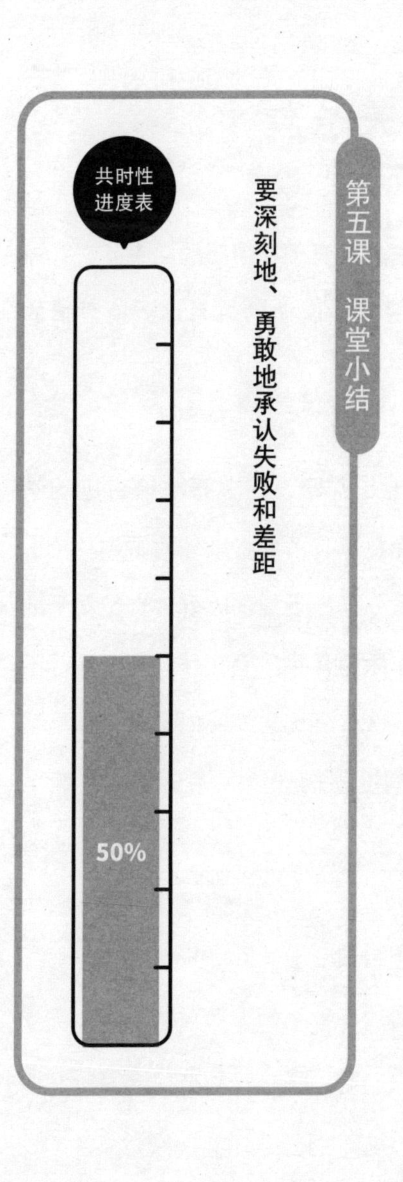

夫妻关系篇

不会做家务的妻子和愤怒的丈夫。

迅速挽回濒临崩溃的关系，重拾爱情的甜蜜！

真纪女士是我开设的关系协调讲座的学生，她成功挽救了自己即将破碎的婚姻。接下来，我和大家分享一下她的故事。真纪女士的丈夫因为工作原因常年出差在外，一个月都不一定能回家一次。可丈夫即便回了家，也是沉默寡言，他们冷淡的夫妻关系就这样持续了三年。

真纪女士自白

我一直因为不会做家务而烦恼。我也请过家政阿姨上门来做清洁，但是最终都会被打回原形。丈夫每次从外地出差回来都会因为家里的不整洁和我大发脾气。

我想要收拾却又不知如何下手，夹在两难之间，真的感觉备受煎熬。

偏偏这个时候，读中学的儿子最近又不去上学了。这不是第一次了，几年前他就闹过一次。那时候，丈夫就一再指责我："赶紧让他给我好好去上学！"因为这件事，我也对丈夫心生嫌恶，根本不愿意再亲近他。

但现在眼看丈夫归期将近……

"要是他发现了儿子又不上学的事……"

"我在做家务这方面也迟迟没有长进……"

想到这儿，真纪女士的精神有一点崩溃。

从真纪女士的陈述中，我能感受到她对丈夫积压的怨恨。她比别人更加讨厌自己，给自己打了很多的"×"，而她对丈夫的极度厌恶，恰恰是她对自己极度厌恶的一种投射。

在讲座中，我讲过要客观剖析自己的行为动机。真纪女士原本的动机是“想收拾屋子”。但随后，她猛然意识到“原来我想收拾屋子，只不过是因为想看到家人的笑脸”。她曾有相当长的一段时间都为此而责备自己，焦躁苦恼。也正因为如此，当她恍然大悟，倾听到内心纯粹的声音时，她的内心终于获得了安宁。

只不过是想看到家人的笑脸而已，却不知为何总是做不好。这种情况大概是从孩子出生不久之后开始的，起初是她对自己的责备，后来丈夫也因为她做不好家务而责备她，双重的责备让她无处可逃，只能心生怨恨。所以，也许真纪女士任由家里脏乱差，就是对丈夫的一种报复。

我当时特别害怕丈夫回来后会对我大发脾气。但是，当我想起自己只不过是想看到家人的笑脸时，我决定面对自己的内心，淡然地将儿子没去上学的事告知了丈夫。

然而，令人意外的是，丈夫一改之前歇斯底里的态度，竟然开口宽慰了我。这是他第一次宽慰我。他说："你也不容易啊！"而且他还温柔地教育了儿子："要多体谅你母亲的付出！"

我当场愣住了，感觉丈夫与之前判若两人。我坦率地面对了自己的真心，家里剑拔弩张的氛围为之一变。我引发了共时性现象，做梦一般如愿看到了家人的笑容。

现在，我们的夫妻关系非常和谐，我们会一起拍合照，我也会尽我所能地去收拾好屋子。

我们想要做一件事的动机往往是纯粹的、值得被肯定的。比如说，"想看他的笑脸""想要享受""想要别人开心"。但是，因为一些小事，我们会在不知不觉中与初心背道而驰，事态会变得越来越糟糕。

这些琐碎的小事日积月累，就有可能成为家庭不和谐的导火索。

面对两难困境时该如何抉择？

承认内心的纠结

直觉会给你指引

我不适合这份工作。
呼呵
呼呵
呼呵
那我适合什么呢……
我到底想做什么呢……
职业女性好棒啊！
小不点……

哐当
哐当
抱歉……
哇哇
哇哇
微笑
宝宝乖，不哭啦！
笑
母亲!!
啊啊啊啊啊
我做不到在一旁干看着孩子哭……

真有一手啊!!
我不擅长应付大叔
哈哈哈
要是帅气小哥哥夸的就好了……
谢谢……
啊!
越是这种时候越需要“十秒开关”法则!
想要帅气小哥哥，OK！
但是小哥哥很少，纠结！OK！
所以……
共时达成
想到了一个好主意!

几天后
以前我就不知道自己适合做什么，想做什么。
那你一定要多多肯定自己！
会在某个瞬间突然明白的！
其实，最近托“鞋子代言法”的福，我对自己说 OK 的次数越来越多了！
鞋子代言法？
我想要帅气小哥哥
但帅气小哥哥又太少，我很纠结。
这可是个具有划时代意义的想法！
如果要同时肯定这两种想法的话……
灵感迸发！
只要不看脸只看鞋就可以了！
我最近都没有看他们的脸
盯……
我只看他们的鞋
然后对人进行想象
于是，我感觉到这个人相当努力！
这双鞋好干净……新人？每天都很辛苦吧……

今天要讲的是没有头绪时，该怎么使用“十秒开关”法则。
你这算得上是提前学习啦！
哈哈哈
好有意思啊！
真的啊？
心里的摆钟
滴答
滴答
好累，不想做
不行，不做会很麻烦
两种心情都要肯定！！
啪嗒
到底想怎么做呢？
直觉来了！
今天先睡，明天早上做
问一下XX的意见
换个环境去咖啡馆做吧
这种直觉也是共时性现象哦！

没有找到时觉得自己很没用，OK！
想找到自己想做的事，OK！
不知道自己想做什么时也可以用这种思考方式。
原来"鞋子代言法"也是一种心声啊!!
果然是托了"鞋子代言法"的福了。
找出藏在内心的真实想法是需要时间的。
……还没有找到答案
所以，我到底想做什么呢?

共时共时
共时达成！
我希望辛苦星上的孩子都能开心快乐！

第六课

面对两难困境时该如何抉择？

“我不想做，却又不能不做。”

“明明应该早点开始做的，却拖拖拉拉没有开始。”

我们或多或少都有这样的经历。

明明是应该做的工作、应该开始的学习、为了未来应该做的事情，但我们却迟迟没有开始，一再拖延。

我们内心左右摇摆，结果却什么都没做，于是你不停地责怪自己……这一幕是不是很熟悉？

其实，我是一个拖延症重症患者。往往心里很清楚早点做完比较好，但就是放不下手机，随便看个电影，时间就过去了。我曾经立志“拒绝回笼觉”，但之后果然一再拖延。

这一看就是未来要被社会“重锤”的类型啊！

的确，在开启“十秒开关”之前，我做事总是三分钟热度，经常半途而废。不管是做什么，都不能坚持到最后。这样的我究竟是如何开启共时长跑，成为理想中的自己的呢？

秘诀就是“十秒开关”！“十秒开关”非常简单，它的本质就是“肯定现在的自己”。

但是，总会有很难肯定自己的时候。那个时候该怎么办呢？今天，老师就通过第六课来为各位答疑解惑。

方法就是，肯定这两种矛盾的心情。但想做到这一点，你需要先熟练掌握前面的内容。

比如第一课的“感知自己此刻的心情”，第二课的“对感知到的负面情绪说 OK”“对做到的每件小事说 OK”，

第三课的“肯定自己想做到一件事的心情”，等等。

如果你能掌握这些，那就能做到同时肯定两种矛盾的心情。

当你纠结时，截然不同的两种想法就像钟摆一样在你心里左右摇晃。随着时间流逝，钟摆的幅度越大，你就越纠结迷茫。一旦钟摆停下，你脑子里首先会出现一个疑问：该怎么办才好呢？

但想要钟摆停下，首先要进行三个步骤：

①同时肯定两种摇摆不定的心情。

②把钟摆控制在正中方位，并使其停下。

③试着自问：“到底该怎么办才好？”

如此一来，问题的灵感就会以直觉的方式出现在你的脑海里。

直觉出现的方式是多种多样的。如果有什么想法闪现在脑海里的话，请务必遵循！那也是共时性现象的一种。直觉给你的答案也有可能是意料之外的答案。

不过，我们也有在短时间内很难理清思绪的时候。因为有些事情是难以当机立断的。比如说，你的内心总是会在“要继续在东京工作”和“该回老家相亲”之间摇摆不定。这时，请对心烦意乱的自己讲：“犹豫不决的我也挺好的！”

人的情绪本就是多变的，脑电波和心脏的跳动会不停地影响你的情绪。喜怒哀乐本就是人的基本情绪，所以我们每个人都会有愤怒、悲伤和失落的时候。

当钟摆停在正中方位时，我们的内心的确会获得安宁。但这并不意味着钟摆只能或必须停在正中方位。

心烦纠结地过日子又有何不可呢？

如此想来，我们也可以对烦恼的自己说OK，也可以对努力思考的自己说OK！没什么不可以的！

如果我们能像这样不停地去肯定自己，生活中就会发生许多意料之中的事情，而能让你下决断的瞬间也许会在下一秒降临。

大家想知道让内心钟摆停下来的奥义吗？

那就是：“一切都是最好的选择！”

若你在内心反复吟唱这句话，再回顾过往总是会忍不住惊叹：“还好，那个时候我做了那样的选择。”

这也是共时性现象的一种。

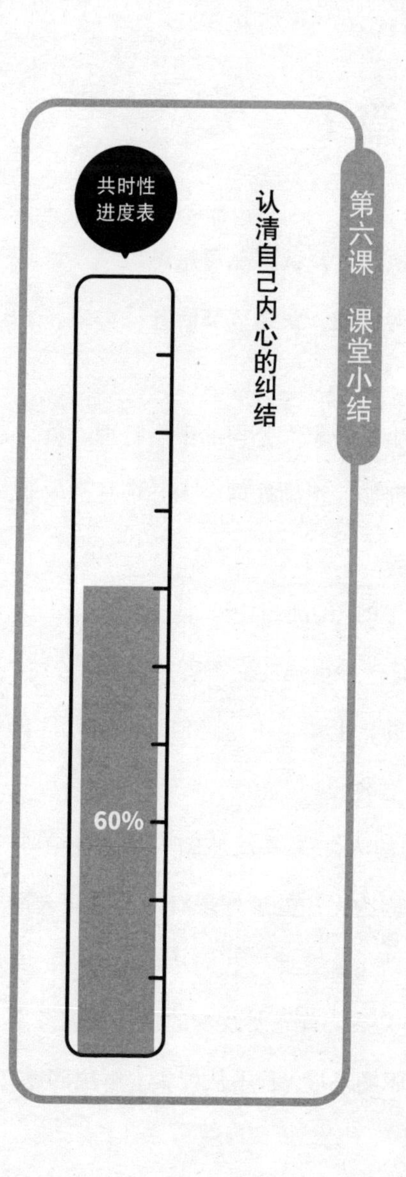
第六课　课堂小结
认清自己内心的纠结
共时性进度表
60%

事业篇

放弃固执己见，认可上司意见，

重新获得信赖，业绩节节高升！

洋一先生是一家大公司的中层管理人员。他曾向我咨询如何正确处理令人心烦意乱的职场关系。

洋一先生的想法很消极，他认为公司不认可他，自身有一种很强的受害者意识。在公司，手下不听他的，上司也不重视他，他感觉只有自己是众矢之的。

为职场的人际关系发愁的人绝对不在少数！很多人因为无法处理好现有的关系而选择职位调动或跳槽。在此，我们从结论切入，要想改善职场关系，首先要改变的是你的思考方式，而不是职场环境。若不从根本上解决问题，即便你换了工作，也很有可能重蹈覆辙，心烦意乱。所有的职场都是一样的，每个人都有各种各样的想法，我们不能只考虑自己的想法，要多理解他人，加强合作，共同完成任务。

我平均一个半月给洋一先生进行一次意见咨询服务。其实对于当下糟糕的情况他也心知肚明，但是因为他始终怀抱着“渴望被大家认可”的想法，所以依旧被束缚在原来的困境里。

他本身受害者意识比较强烈，所以他也并不认可自己。

进入秋季后，他的职场关系进一步恶化，最终被调到了其他岗位。日积月累的业务经验无法再派上用场，他对很多东西都一窍不通，可即使他向周围的新同事请教，大家也都只甩给他一句：“你自己琢磨！”而他下达的命令也没有人听，他开始陷入绝望，心想“或许死了才是解脱”！

从和洋一先生的交流中，我注意到他讲述自己在职场上遭遇的那些毫无道理的委屈事时，总会提到他的上司。从他的陈述中可以感觉到他对上司的怨恨，我觉得他与上司的关系会是整件事的突破口。

在认真倾听之后，我明白了洋一先生和那个上司之前就有矛盾，而且他也知道自己有做得不周到的地方。我想若是洋一先生之前就能承认这一点，那他一定能在职场上混得如鱼得水。但是，他做不到。

“道理我都懂，但是我咽不下那口气，感觉要是我承认了那我就彻底败了，那画面光是想想就觉得憋屈。”

于是，我开导他道：“不必这么焦躁，上司做得有不对的地方，但你也要承认自己的不足。不要再固执己见地认为自己是绝对正确的。”

然后，我建议他把自己积压的情绪全部记录下来。这个计划从那一年的十一月开始实施。

那之后大约三周的时间，他每天都坚持记录自己的情绪，但字里行间浮现的全是抱怨和不满。顺便一提，将自己的心里话书写于纸面这一过程是一个接受自己的过程，这和开启“十秒开关”有同样的效果。

“我已经写不出来了。”当你真心吐露出这句话时，你已经发泄出了所有的不满。

洋一先生自白

那是冬至的早上，我睁开眼时，突然意识到，世界是站在我这一边的。

那一刻，洋一先生的思维方式发生了翻天覆地的变化。

上班时，他对公司的看法也发生了变化，甚至是对一直以来都很憎恨的上司，他也能从内心认同：“这个人是我的同伴啊！”从那以后，他开始能够坦率地向同事请教，向对方道谢，职场关系发生了戏剧性的变化。紧接着不到一个月，他就荣升为小组组长，业绩节节高升，前不久还获得了社长的表扬，在公司里表现得极为活跃。

这一切都仅仅是因为洋一先生坦率地表达了自己的苦恼，仅这一步便改变了糟糕的现状。

我那时陪在他身边，能感觉到他被自己的情绪所压制。职场关系逐年恶化，他的内心变得扭曲，周遭的一切也因此扭曲起来，不再坦诚。但洋一先生通过转换思维慢慢地解开了那一团乱麻，自然也就修复了和同事的关系。

我，到底想做什么？

承认内心深处的抗拒

启动意义非凡的开关

今天也被训了……
虽然启动了“十秒开关”，但是并没有听到心声……
寻找想做的事情……OK！
因为没有找到而烦恼……OK！
……
我适合做什么呢？
做什么可以发挥我的长处呢……
我想辞职！但辞职的话，在地球上是无法生存的！
啊啊啊啊啊
我也不能回辛苦星去！
我不会让你继承我的国家！！
给我找事情做去!!
我不知道想做什么呀……
大姐姐，你没事吧？

啊……
感觉姐姐好像很难受……
我没事！
谢谢你们！
嗯！那姐姐和我们一起玩儿吧！
好呀!!
啊哈哈
啊!!
该回公司了!!
这样想也 OK 吧……
不想回去上班啊……
拜拜

砂糖由美老师的事务所
约定的时间不是下周吗？
心声迟迟不出现……
我等不到下周了……
呵呵……进展不错嘛！
欸？
每次感受自己内心时，
都不知道自己想做什么，头大……
许多被常识所束缚的人都和你一样苦恼。然后他们就会责备自己。
那样的自己我也肯定了呀……但是，没有心声!!
也许心声已经出现了呢？
嗯？
很多人都会忽视这个声音。
但也有咨询者接收到了心声，引发了共时性现象。

你真的不喜欢经营美甲店吗?
但要是因为讨厌就放弃了，收入就会……
咨询者
要珍视你的真实想法。
有其他想尝试的事情吗?
其实我一直都很喜欢画画……
但那又不能用来谋生……
可心之所向比能否谋生更重要啊!
但是我还要经营店铺……
学习的时间也……
这是任务!先去找一间教画画的教室!!
惊吓!
找到就万事大吉了吗?

一个月后，她就开始学习画画了。
真不愧是砂糖由美老师！！
好快!!
因为她听到了自己的心声！
其实美甲店旁边就有一家教学时间自由的教室！
可以利用店里空闲的时间去那学习！
教室
美甲店
共时达成！
而且，才半年她就获得了新人奖。
哇哦！太厉害了吧！
巨大的
共时性现象！
你现在的情况和她很像哦！
要怎样才能捕捉到那个声音呢？
放下顾虑，承认、肯定自己不想做的事！
就比如你知道自己不想上班……
但下一秒顾虑就会爬上心头，对吧？
比如，我得谋生啊之类的。
我懂了！

我讨厌现在的工作。
但是我要做什么才好呢……
舔
夺过
停止你的“但是”。
这只会让你离内心深处的开关越来越远。
现在的工作!!
烦透了!!
真的是!!
我……
其实……
共时达成
是想当一位幼儿教师!
共时达成
我做不到放着哭泣的孩子不管!!
我可以很快和孩子们打成一片……

自己讨厌的事情!!
承认它!
明白了自己的真实想法!
恭喜你!
共时共时
共时达成!
只需要十秒就够了!
闪耀
父亲!我
找到自己想做的事情了!

第七课

我，到底想做什么？

“我不知道自己想怎么做。”

“我不知道自己想做什么。”

很多人都有这样的困惑，也有人表面上说着“我想做……”，但其实内心是止不住的烦闷。

我在定下要做一名法律工作者的目标时，内心也是有一团化不开的焦躁。辛苦小姐也拥有同样的烦恼。即使她对自己进行各种肯定，但也因为“心声不出现”而

烦躁。

但实际上，那个声音已经出现了！只是她没有注意到而已！

辛苦小姐擅长哄小孩，一看见小孩子就会很开心。她意识到了这一点，但是并没有将其和自己“想做的事情”联系起来。

在坦率地承认自己讨厌的事情时，她终于注意到了内心的声音。彻底的承认让她猛然间放松了下来，所以她才能捕捉到那个声音。

精神放松时会出现很多灵感，是因为当你放下顾虑时，身体会变得轻松。当初我意识到自己“想写文章”时就是这种感觉。其实在很早以前那个声音就出现了，只不过我没有意识到。

曾有人问我：“成为法律工作者后，你想专攻哪个方面”？对此，我完全答不上来。但是，我心里想过作为法律工作者来观察人类的心理。

我那时真正想做的其实就是把自己的所感所想写成

文章。

心声已经出现了，可为什么我当时没有察觉到呢?

因为我不愿去倾听内心的声音，死死地抱着“我想成为法律工作者”这个虚假的梦想不放手。

事实上，学习法律非常枯燥，与法律有关的工作也难以描摹。“我不想站在法庭上，一点也不！”这才是我真实的想法。

可身为法律工作者，却不愿意出席法庭，这是致命的问题！但是，我那时有自己的顾虑和理智。

“我为此付出那么多心血和时间，不能白费了！”因此我给自己的内心上了一把锁，这把锁让我无数次错过了真实的自己。

毕业时，我终于从内心承认了这个事实——“我不适合当法律工作者”“我一点也不想站在法庭上”。彻底承认这些想法的那一刻，我的脑子里突然涌现出一个想法——我想写文章。我的人生从那一瞬间开始转运。我以写博客为起点，成就了今天的自己。

很多时候，只有我们承认了自己真心讨厌做的事情，才能引发改变命运的共时性现象。

各位从第一课按部就班地学到了第七课，此刻的你们已经做好了启动这个开关的准备。

所以当你们烦躁时，请再想想那句奥义。

“一切都是最好的选择。”

若各位能对自己多一些信赖，那你们一定能捕捉到早已出现的心声。

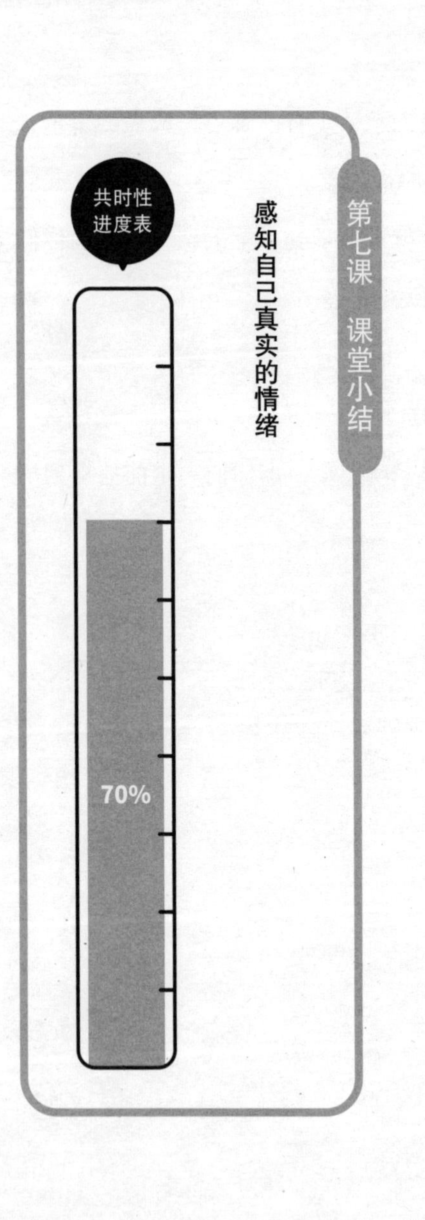
第七课　课堂小结
感知自己真实的情绪
共时性进度表
70%

育儿篇

惠子女士接受了特立独行的自己，
进而认可了与众不同的女儿。

在亲子关系中，有一个现象非常普遍，那就是父母会把对自己的否定投射到孩子身上。接下来我就用惠子女士的例子给大家做讲解。

惠子女士有一个上小学三年级的女儿。她女儿在学校被公认是最“与众不同”的，这让惠子女士难以接受，所以她一直教育自己的女儿要做一个“普通人”。

但话说回来，这一切的行为都是惠子女士儿时遭遇的一种投射。

惠子女士自白

我曾经是想把女儿教育成一个“普通的”优等生，我殷切地期望她能成为一个合群且正常的好孩子。

我小时候曾因为自己的“与众不同”而被周遭的人欺负，但我始终没有把这件事告诉我的母亲，我希望在她的眼里我是一个受欢迎的好孩子。我知道大家在背后嘲笑我的“奇怪”，我对此视而不见，继续扮演那个合群的好孩子。

我一边在心里纠结着自己到底哪里奇怪，一边随着时光流逝长大成人。可事到如今，“与众不同”这件事仍旧让我无法释怀。

正如那句老话所言，“有其母必有其女”。我的女儿也是个非常有个性的孩子，甚至连学校的老师都觉得她“与众不同”。我难以接受这个事实，并为此感到羞愧。我不想成为大家眼中的“怪孩子的母亲”，所以每当学校有事时，我都是偷偷摸摸地过去。

这使得惠子女士和女儿都痛苦不堪。归根到底，这一切都是因为惠子女士始终否定儿时那个“与众不同”的自己，而这种自我否定又投射到了女儿身上。

惠子女士恍然大悟，冲破桎梏，整个人恍若新生。惠子女士之所以能够肯定儿时那个“与众不同”的自己，是因为她启动了“十秒开关”。

在砂糖由美老师的指导下我开启了“十秒开关”，接受了“特立独行”的自己，不想去上学那就不去，也没有必要非得合群，我无数次地接纳了真正的自己。

开关启动一段时间后，我突然有一种打开心结、浑身轻松的感觉。我开始能够坦率地接受女儿的独特。

“她不想学习，OK！”

“做她自己，OK！”

于是，女儿也发生了惊人的变化。她以前很讨厌学习，但是现在她会自己去琢磨学习的方法，会充分利用上学前或午休间的碎片时间来强化学习。

惠子女士对此非常吃惊，但在我看来这就是她女儿本来的样子——一个做事别出心裁的女孩子。

后来，她还向我反馈了其他情况。

今天女儿把成绩通知单拿给我看，她从小学一年级开始就不擅长数学，一直都是C，但这次她得到了人生中的第一个A！我太激动了！她真的太让人惊喜了！

我又看了一眼她小学一年级的破烂成绩，简直惨不忍睹。但我立马启动了“十秒开关”，感觉心情低落也很OK！

她现在不仅是数学，其他学科的成绩也都提

上来了！

母亲接纳了自己后，孩子的言行举止自然而然就会发生变化，他们发挥出与生俱来的能力，取得了进步和成长。

惠子女士的女儿并没有学过启动“十秒开关”接纳自己的这一套法则。她的变化仅仅是因为作为母亲的惠子女士接纳了自己，她们二人之间产生了一种协调的共时性反应。

关于内心摇晃的钟摆，前文已有陈述。父母在和孩子相处时，很多时候都处在“应该说还是不应该说”的纠结心境当中。

他们不想唠叨孩子，所以很多时候都选择闭口不言的关怀。但是，一忍再忍，终有一天他们会忍无可忍，到那时情绪暴走，场面会极度难堪，事后他们还会责备失控的自己……

当这样的恶性循环不断反复时，他们的消极情绪就会格外强烈，甚至会不停地责备自己：“我们不是称职的父母！”

所以，若你想让钟摆停下来，就必须将自己左右摇摆的心情都表达出来，并且接纳它们。

比如说，“要我说啊，若不让他学习，回头考不上大学多难看啊！OK！”“在我看来，若自己不主动，是不可能养成独立自主的习惯的，OK！”

据惠子女士说，她以前也是由着自己的性子，整天在女儿耳边唠叨。但是，现在她接受了女儿真实的样子，那些唠叨和纠结便也都消失了。

冷静思考之后，她发现孩提时代多多学习能让人有更多的选择，也能帮助我们获得生存的能力，所以她打心底觉得学习是非常有必要的。

我的未来会顺利吗？

坚持感谢过去的自己

未来会赐予你灵感

招聘幼儿教师的兼职……
搜索!!
这个网站……有做幼儿教师意向的人可以注册……没有资格证也OK？！
太好了!应聘这家!!
点击
点击
明天就面试？！好快啊!!
这家!
虽然是很快，但我想早点工作！！
我记得这家公司的业务是面向富人家庭的。
是吗?
我有客户请的是这家公司的家庭教师。
哇哦！这是我第一次如此感谢自己的心声!!
干得好!果然只要遵循自己的内心，就能顺顺利利!!
接下来，我也许可以辞职去当专业幼儿教师!!
共时达成

第二天早上
09:20
要赶不上十点的面试了！
哇啊啊啊啊啊！
天哪!!
哐当……
要发车了！
车站
我完了！我睡过头了！
真遇到麻烦了给我发邮件！
那么顺利难得进展……
舔
舔

不要责怪你自己!!
说什么鬼话!!
回想一下我以前教给你的内容!!
那我该怎么办啊?
我想做幼儿教师并打算参加面试!OK!
共时达成
第三课!
虽然时间紧迫,但我换好了衣服!OK!
共时达成
我觉得我完了,焦虑!OK!
第一课!
为了赶上面试,我一路狂奔!OK!
呼……
虽然睡过头了,但为了面试还是起床了! OK!
第二课!

想着凡事总会有好结果！OK！
第四课！
因为迟到而责怪自己！OK！
第五课！
我完全不想迟到！OK！
要是赶不上我就放弃！OK！
第六课！
第七课！
我的心声告诉我，我想做一名幼儿教师！
OK!!
然后，然后……
正因为我始终都在接纳自己，
所以今天才能去面试！！

试着回过头看看！
所有曾经的你都在为现在的你加油打气！
共时达成!!
嗒
嗒
感谢你们如此努力!!
过去的我！

第二天晚上
恭喜你赶上面试并且面试成功!
其实是因为那时我感到过去的我正在支持着现在的我!
那可是高级班的内容了!
——“十秒开关”高级班授课内容——
对未来不自信的时候,
恰好是我们发现“是过去成就了现在”的好时候。
今
现在:怎么办才好?
今
过去:OK!!
过
过
发现这点之后,要去感谢过去的自己,对他们说我可以!
现在:谢谢你们!!
过去:就要这样!!
过去:加油!!
如此一来,过去的自己就会给我们力量!
今
过
过
感谢

我当时确实就是这种感受!
过去的我在听到我的保证后似乎都安心了下来。
呵呵……这可不是你的错觉!
那是?!
过去的她们应该收到了你的感谢!
这是能引发共时性现象的秘密哦!!
!
原来是她们……所以我才能在地球上这么努力……
因为你将要做一名幼儿教师的决心传达给了她们。
你对她们说了:“我可以!”
所以是我抓住什么诀窍了吗?
这里面还有更大的秘密。
不过要等到下一节课再讲。

好美……
致过去的我!!
放心吧！谢谢你们!!
共时共时
共时达成！
啪！

第八课

我的未来会顺利吗？

“真的……能顺顺利利的吗？”

这是漫画开篇的那位学员提出的疑问。

其实，我以前也经常在心中嘟囔这句话。曾经的我对未来充满了担忧，总觉得未来的路上有诸多障碍。但是后来，我摆脱了这种思想束缚，开始坚信“我的未来由我创造”！

曾经很长一段时间，我都觉得未来无望。

那到底是什么促使我成了一个能够不断引发共时性现象的人呢？这个秘密我将会在第八课揭晓！

你之所以无法相信未来顺遂，其实是因为你无法信赖自己。换句话说，你尚未接纳自己。

有人可能会提出疑问：“辛苦小姐不是一直都坚信着‘十秒开关’法则，肯定自己，怎么也出现问题了？”

在第七课中，我们学过要肯定“现在”的自己，但是在第八课，我们要学习的重点内容是“去肯定过去的自己”。

哪怕今天的你比昨天的你只是前进了一点点，你也要认可自己的成长，肯定自己的付出。这世上的很多人都对自己要求分外严格，他们不会在意、认可自己那一星半点儿的进步。但如果你能够认可那个比之前稍有进步的自己，那你就能掌握回溯过去的能力。

辛苦小姐之所以能够参加幼儿教师的面试，全是因为过去的她感知到了自己想要做一名幼儿教师的真实想法！

而过去的她之所以能够察觉到这个真实想法，是因为在此之前辛苦小姐从第一课开始就在不断地肯定自己！

正是因为过去的辛苦小姐勇于面对各种各样的困难，今天的她才有机会参加这个面试。这不是一件理所当然就能做到的事情。

我也是在意识到这一点之后，才开启共时长跑的。

在第八课之前，我给各位讲述了我遵循本心决定写博客的经历。这是2007年3月末做的决定。我究竟是如何变成“共时体质”的，接下来，终于到了揭晓奥义的时候了！各位，准备好了吗？

做决定之后的第二天，我开始向“2007年3月末那个做了决定的自己”汇报自己写博客的进度。这件事我坚持了大概半年，不曾落下一天，每天我都会汇报很多次。

“我今天决定好了博客的题目哦！多亏了你当初下决心要写博客，托了你的福一切都在顺利进行中。放心吧！”

“今天是我第一次上传文章哦！多亏了你当初的决定，现在一切都在进行中。感谢你那时下的决心！”

“今天有人给我留言了！有人关注我了！多亏你当初决定写博客，放心！现在一切都进展得很顺利！谢谢你！”

就像这样，我会一次又一次地在心里汇报这些哪怕十分微小的进步。这些举动让曾经因为看不见未来而内心不安的我感到些许安心。

大概这样过了三个月吧！神奇的事情发生了。

我曾经为了未来而焦躁担忧，但是那三个月之后我的内心突然平静了下来，我感觉我肯定能行。直觉开始发挥作用，各种事情的时机都来得恰到好处。我开始越发频繁地感谢自己所做的各种决定。

偶尔会灵光一现，“啊！尝试一下那个吧！”尝试了之后，会不禁感慨“还好我尝试了”！

各位注意到什么了吗？

如果你开始向过去的自己汇报情况：“多亏了你当初决定写博客！谢谢你！”那么接下来，你向自己汇报情况的次数就会越来越多，“那个时候，多亏你下了决心！谢谢你！”

换言之，如果你感谢过去的自己，那么未来就会赐予现在的你灵感。当你将那些灵感付诸实践之后，你感谢自己的次数就会越来越多！

可以说，是过去的自己在为“现在”的自己加油打气！

我能在开始学习写剧本的几个月后就决定将这本书绘制成漫画，正是因为接收到了未来赐予的灵感。

事实上，我那时有不停地向自己汇报情况。过去的我将灵感付诸实践，决定学习剧本写作，所以我对那时的自己说：“感谢你当初决定学习剧本写作，多亏了你，现在它派上大用场了！”

在开办培训讲座时，我曾鼓励过他们：“这个选择是否会在未来开花结果，各位且相信‘十秒开关’，静候佳音。”

几个月后，我突然灵光一闪，决定以漫画形式编写这本书，并开始创作剧本。在此之前，我从未想过学习剧本这个事情能这么快派上用场。

我们可以通过“十秒开关”来创造自己的未来！

这也正是因为在第八课之前，我们不停地肯定“现在”的自己，所以第八课所授内容才能引起如此震撼的效果。

顺便一提，这种方法也可以帮助大家面对那些不堪的回忆。

“感谢当初那段糟糕的经历，正是因为有那段经历，我才能做出不同的选择！”

“感谢当初那段糟糕的体验。虽然那个时候我痛苦万分，但是当时学到的东西肯定会在未来意想不到的地方发挥作用。”

可能现在于你而言还只是一段“痛苦的过去”，但只要你坚持对过去的自己表示感谢，就能因此创造出你切实渴望的未来！

看看过去的你，明智也好，糟糕也罢，你会对他们说声“谢谢”吗？

第八课　课堂小结

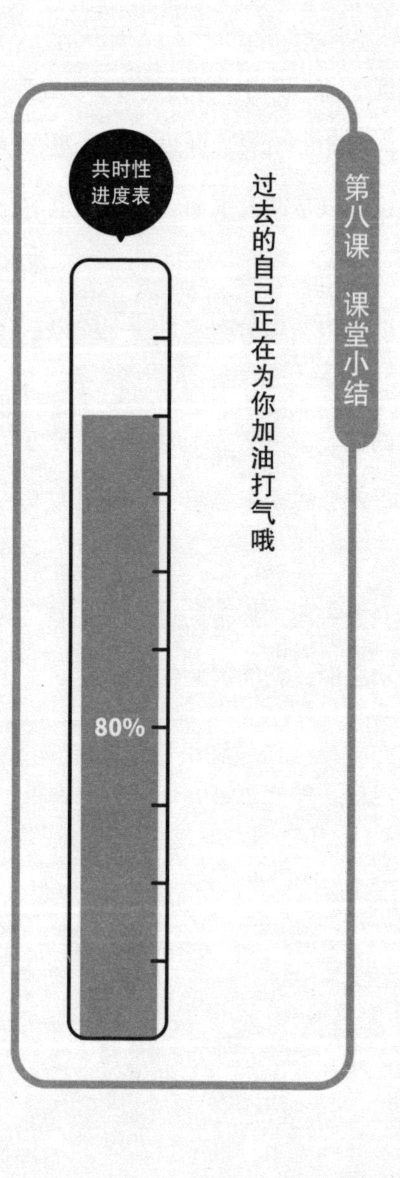

跳槽篇

贯彻到底的自我肯定！

年近知命，三迎挑战，九转功成！

圭司先生读过我写的书后，他将自我肯定贯彻到底。在两次面试失败之后，他重拾勇气决定参加第三次面试，随后我便收到了他成功跳槽的回复。

求职时，圭司先生四十九岁。当时在做临时工的圭司先生因为想要成为一名正式员工，所以开始寻找目标公司。那时，靠打工生活的他经济拮据，对未来的不安也在日渐加剧。就在这时，他接触到了我的那本书。

圭司先生有家特别想去的公司，他明确表示过："我想在这里上班！"

目前为止，他尝试参加了两次公司组织的

人事面试，但都以失败告终，因为公司的招聘要求上明确表明年龄不能超过四十岁。一般面对这种情况，我们都会觉得没戏，然后就放弃了。但是因为圭司先生在那时知道人的心里有一个“十秒开关”，所以他不停地肯定自己，于是获得了再次挑战的勇气。

圭司先生自白

要进那家公司需要经过三轮面试，我是在第三次面试时才第一次收到书面通知，成功进入第三轮的社长面试。

实际上，在参加社长面试的前夜，我做了一个梦。在梦里面，对方抛给我一个很抽象的问题。他问我：“你认为这项工作的本质是什么？”可我没有答上来。

第二天，在去参加面试的途中，我试着按照自己的理解思考了那个问题。没想到，面试时，社长竟问了同一个问题！

结果，因为我回答得很流畅，所以几乎是当场就被录用了。

这就是高度引发共时性现象所产生的宛如奇迹一般的罕见案例。

圭司先生之所以创造出奇迹，是因为比起关注结果，他更加重视自己迄今为止的人生，坚持肯定自己所有的过往经历。

圭司先生没有时间参加我的讲座，也未曾向我进行过咨询，他如今所领悟到的一切都是他从我的作品中反复琢磨领悟到的。

顺便一提，我们在睡眠时所做的梦，通常都是潜意识在向我们传递信息。

通常，像圭司先生那样梦中内容比较具体的情况较少。之所以有此梦境，是因为他坦诚地面对自己的内心，启动了“十秒开关”，所以潜意识对他进行了指引。若各位也能同圭司先生一般持续开启“十秒开关”，也一定可以接收到潜意识给予的指引。

各位既有可能从梦境中接收到潜意识的引导，也有可能在某一瞬间福至心灵，豁然开朗。

『他』，怎么这样啊？

若你能肯定自己

“他”对你的态度也会有所不同

为了幼儿教师资格证努力学习中……
有了证，我就会有很多的选择！
送你一栋房子做礼物。
那我就可以辞职做全职幼儿教师了！
共时达成
原来我不敢辞职，是因为我担心现在的高房租啊！

你搬去半价的屋子里了?!雷厉风行啊!
因为我想早一点开始做保育师!
但是,有件事我很担心……
由我来给您介绍这间屋子的情况。
使用“鞋子代言大法”!OK!!
这套房子坐东朝西。
朝西?!
住这样的房子运势会不好的!!
网上说会影响运势的!!
这可是我要梦想起航的地方!!
哈哈哈

觉得朝西的房子不吉利，OK！
哈
叮咚
!
共时达成
同一层楼东朝向的房子还空着呢！
上面说住这种房子的话，事业运会特别好！
接二连三地引发共时性现象了！！
第二天
上面要求你把负责的一部分工作转交给其他部门。

我说
你的工作都安排给我做了……
你怎么不做呢？
这是公司领导决定的！
那肯定因为你平时消极怠工啊？
我才没有！
好气
剑拔
弩张
我明明没错!!

这样啊！
嗯
虽然我对自己说，我冷静应对了，我很棒！
但是，我就是耿耿于怀……
为什么同事A要说那种话呢？
是哦！她工作量增加了……
如果这时候同事A也能开启“十秒开关”的话会怎样呢？
她对自己说：工作量猛增，OK？
这是第一课的内容呀！
啊！懂了！
是因为我没有体谅到对方“当时”的心情。
你能想到这一点，真厉害！

那如果同事A学会了第二课的内容的话……
虽然工作变多了，但是我都做到了，我真棒！
第三课的话……
她应该会想：虽然不想做，但这是公司布置的任务，只能努力了！
我明白了！因为我理直气壮地对她讲："这是公司的决定！"所以她才会生气。
我当时应该说一句体谅她的话！
不错嘛！竟然无师自通，自己掌握了第九课的内容！！
不愧是你!!
任何人花费十秒都可以做到自我肯定，对吧！
多亏了你一直以来都坚持肯定自己，所以才能意识到这一点！！
我做到了坚持悦纳自己，我可真是棒棒哒！！

第二天
谢谢你昨天帮我搬东西！
你也辛苦了！
这个人……
是努力工作的那类人！！
工作辛苦啦！
完成搬家!!

说起来，
最近不舔
糖了……
共时共时
共时达成！
各位!!
你们辛苦了!!

第九课

“他”，怎么这样啊？

“想让不学习的孩子自主学习”“想让不管孩子的丈夫帮忙教育孩子”“想让性格恶劣的上司改改脾气”……

无论是在工作上还是在生活上，世人总是在为人际关系而发愁。“如何处理人际关系”，绝对可以算得上是各类咨询里的热门问题了。

现在，我想向各位提问：为什么在烦恼排行榜上如此靠前的这一烦恼会被安排在第九课呢？

那是因为……

如果我们一直专注于悦纳自己，就不会再“这般那般”地要求他人。当你给予他人这样的自由时，对方也可能会因此而有所不同。

若各位能真心地悦纳自己，在烦恼人际关系上的精力分配就会减少，当下的心情也会变好，日常也会不断地产生共时性现象。

如果各位切实地将前八课学到的内容都落实到了行动上，那第九课的内容定能无师自通。

课程结束了！但鉴于机会难得，我想在温故的同时再讲一些要点。

第一要点：悦纳所有的自己。

话说回来，即便我们想让对方改变，也最好不要要求对方变成我们想要的样子。例如，很多人都会劝自己的烟鬼丈夫说：“我很担心你的身体，你戒烟吧！”但是他们往往都不会轻易戒烟。

很多情况下，除非他们自己因为某些事情意识到了必须戒烟，否则他们是不会戒烟的。

一旦我们想让别人按照自己所想的去改变，就会产生以下这些情绪：“为什么会那样呢”“为什么不做”“我真的想不通”“我就是正确的”。

这些情绪都有一个共通点，那就是它们都在表达“我想让‘他’明白我，可‘他’却不明白我”的那种不满。

但是，这种“我想让‘他’明白我，可‘他’却不明白我”的不满，与你渴望被人理解的初衷背道而驰。

由此来看，优点也罢，缺点也罢，悦纳自己的一切会让你变得轻松。如此一来，你会变得从容，也就不会再执着于“让对方按照自己所想去改变”，而是开始学会推己及人，换位思考。

第二个要点：接纳过分努力的自己。

你对孩子发脾气，质问：“为什么连那种小事都做不好呢？”

你对丈夫发火，说：“回来的好晚！”

你生上司的气，郁闷道：“为什么就逮着我一只羊薅？”

你因为这些鸡毛蒜皮的小事而生气，随后又因为这样的自己而更加郁闷……

面对这种情况，首先你要做的是接受自己，“我做得很棒，OK！”如此，你便会变得从容。

如果这样做后，你的内心仍旧躁动不安，我在此再教给各位一个绝密奥义。

内心痛苦时，请试着默念这句话：“我是最棒的！‘他’也是最棒的！”

一旦身体放松下来，你便能开启共时长跑。长跑途中，共时性现象会灿若繁星。

辛苦小姐便是如此。她换位思考，试着从对方的视角开启共时开关，于是在不知不觉中，她认可了同事的各种行为。而她之所以能够站在对方的角度开启共时开关，是因为在此之前，她一直都在实践前八课中所学到的内容。

几乎所有能实现愿望或目标的机会都源于“与他人的维系”。所以，若想梦想早一些实现，必须重视人际交往。

若你很难信赖他人，不能依靠他人，那你引发共时性现象的可能性就会很小，范围也会很窄。

记住：“十秒开关”，你能开启，他人亦能开启。

心中有此意识后，你可以试着再次启动“十秒开关”，去肯定自己。要记住这种感觉，然后换位思考，试着想象一下对方开启“十秒开关”后会是什么样子。

“我是最棒的！‘他’也是最棒的！”

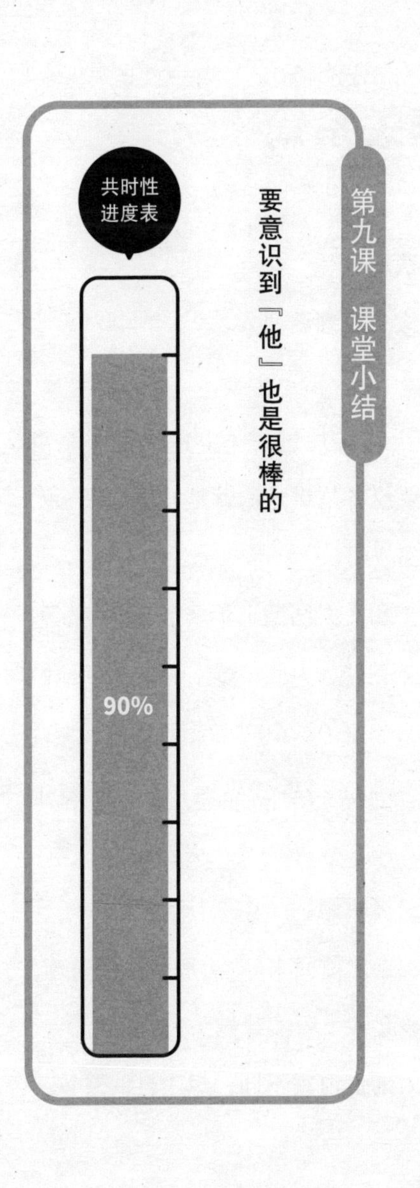
第九课 课堂小结
要意识到『他』也是很棒的
共时性进度表
90%

家庭关系篇

接纳父亲后，

弟弟和丈夫也判若两人。

咲子女士曾参加过我举办的人际关系讲座，接下来要给各位讲述的就是发生在咲子女士身上的真实故事。

咲子女士和丈夫结婚十年多了，但其间她不曾和丈夫交心过。为此，她十分苦恼。他们夫妻二人有一个孩子，但咲子女士总是因为自己店铺的事情而忙得昏天黑地，对孩子疏于关怀。

于是丈夫提醒她："你是有孩子的人了，必须得晚上八点之前回来。"道理是这个道理，但是真的实践起来，着实让她头大！

夫妻二人的价值观不同，想法自然迥异，

他们似乎也不再执着于说服对方。而且，让她深感不满的是，她明明感觉到丈夫在工作上的压力很大，但是回到家后却不愿向她提及。

咲子女士自白

我的母亲在我二十岁时离开了人世。平日里，父亲贪图玩乐，很少回家，母亲则辛苦地操持着家里的一切，那时我就想："女人必须忍耐。"

这种感觉即便在我结婚成家之后，也一直深有体会。

但是，这一切都在咲子女士肯定一件事后，发生了巨大的转变。

那天，咲子女士来找我做心理咨询。就在那天上午，她的父亲刚刚因为癌症住院。据说医院那边下了通知，是癌症末期，已经活不了几个月了。

从咲子女士的陈述中，我能感觉得到她深受上一辈相处模式的影响，故而对丈夫抱有各种不满。于是，我建议她：“当务之急你要审视的不是你的夫妻关系，而是你的父女关系。

“你的丈夫就像游戏里的终极 boss，但在攻克他之前，你要先放下对你父亲的偏见。”

“啊？”她对我的话感到莫名其妙。

我继续道：“你的父亲就剩几个月的寿命了。我给你布置的任务就是你要在你父亲的有生之年，用力地去肯定他一次。”

其实咲子女士曾经很敬爱自己的父亲，但后来因为母亲操劳过世的缘故，她对父亲的感情变得有些复杂。她曾经也因父亲整日里游手好闲，不务正业，不管孩子而心生埋怨。

不过，咲子女士好像明白了我布置这个任务的用意。

“我想给父亲做养生膳食。”她说。而且，她还想为父亲做其他各种各样的事情。

两日后，她又来参加我的讲座，那个时候的她已经和之前大不一样了。

首先，她和父亲的关系在飞速地缓和，而且更为不可思议的是，讲座那天，她和我说她与丈夫的关系也改善了不少。

也许是因为在她接纳了父亲之后，她对男性的看法也在无形中发生了改变，所以她向丈夫释放出的气场也开始发生变化。而且，还不是渐渐的变化，是飞快的变化。

那之后又过了一个月，她对自己父母相处模式的看法发生了一百八十度大转变。

咲子女士自白

我过去一直在想："为什么母亲不离婚呢？父亲没有养家的能力，这样的婚姻持续下去根本没有意义。"

有一天，我向父亲问出了心中困惑，没想到父亲竟是这样回答的。

“我们才不可能离婚呢！你母亲心里眼里装的都是我。她啊，是一个非常可爱的人……”

我当时听到这个回答后很是震惊。

因为我在那一刻才突然意识到，原来母亲活得很幸福。

我继续听父亲回忆，那种“父亲和母亲之间深深的羁绊”是我之前不曾意识到，现在却能深深感觉到的。

母亲在世时辛苦劳作，但是她与父亲心意相通，彼此相爱。

原来，只有母亲能够陪伴父亲，母亲是父亲的唯一。

那一瞬间，我接受了我的母亲，也接受了我的父亲。

于是，奇迹发生了。

有一天，她“家里蹲”的弟弟突然去探望了他们的父亲，并向父亲表达了他的感激之情。弟弟的此番言行着实让咲子女士和父亲都大为震惊，因为一直以来他们的父子关系都非常糟糕。

也许，是因为咲子女士接纳了自己的父母，所以爱屋及乌，她也接纳了父母的孩子——他的弟弟。

那之后又过了几天，咲子女士父亲的病情突然恶化，溘然长逝。但谁又能料到，她父亲的忌日竟然和母亲的生日在同一天！而且，她父亲离世的时间竟然和母亲离世的时间完全吻合。咲子女士觉得，这宛如母亲来迎接父亲一般。

咲子女士因为接纳了自己的至亲——母亲、父亲以及弟弟，所以才引发出了巨大的共时性现象。

现在，咲子女士和丈夫的关系也发生了戏剧性的变化。就在前些日子，她的丈夫为了慰劳她的操劳，提议道：“一直以来多亏有你在，不如再过些日子我们二人去旅行吧！”

这个典型的案例告诉我们，一旦我们能够认同自己的血肉至亲，那受其影响，我们与他人的关系也会随之发生变化。

试图孤军奋战时

降生于世之日便是

终极共时开关诞生之时

……
最近工作很麻利啊！
对！而且现在感觉上班还挺轻松的……
考试在下个月啊！
感觉很棒！
这是你在搬进去之前注意到的吗……
和砂糖由美老师名字的发音很相像呢！
我新入住的公寓叫作“SATOU KOUPO”
嘿嘿嘿……
是吗?!快讲讲！
其实我最近引发了不得了的共时现象哦！

但是最近不知道为什么心里总觉得不安。
怎么了？
啊，真是抱歉
没什么没什么！
……
几天后
我的故乡在北海道。
那儿的美食可好吃了呢！
那辛苦小姐呢？
欸?!我嘛……
辛苦小姐给人的感觉像外星人。
是吧！
我什么时候才能回去呢？
救世主什么的……我做得到吗？
舔
舔
哈哈哈……

我从来没有被父亲表扬过……
但却突然成了救世主！
为什么只有我在孤军奋战？
其他人就什么都不用做吗？
那种地方不回也罢！
那些小孩儿不开心也罢……
讨厌！我讨厌那里!!
辛苦星就那样吧……
嗒

突然间这是怎么了？
我……我能拯救辛苦星吗？
最近辛苦星的光芒越发强烈了呀！
但是我没有信心。
我从没被父亲夸过，突然就说我是救世主什么的。
虽然我很感谢、肯定这半年来自己的努力……
这是第八课的内容哦！
我一直都相信：过去的我在为自己加油打气！
提示就在这之中哦！
你现在正面临一个巨大的挑战！
我不行了！压力太大了！
那是因为你认为自己在孤军奋战。
欸？

试想如果你一直回溯过去、肯定过去，你会回到哪里？
嗯……
小时候吧？
OK！
OK！
过去
啊!!
是刚出生的时候？
对！
若你连诞生时的自己都肯定了，那过去所有的你都会成为你的盟友！
这是最后的特别课程哟！
所以最终目标是要肯定诞生时的自己？
实际上……
终极共时开关就诞生在那一天！！

其实肯定出生时的自己，
就是在肯定自己的祖先们。
祖先们……
你之所以能够出生是因为你的父母先存在于世。
同理，你的父亲也是如此。
但凡过程中缺少一个人，你都不会诞生。
所以你肯定自己出生的这件事，
OK!
其实是对与自己血脉相连的祖先们的肯定！

接下来告诉你真正的秘密！
对！就是很庞大！
你肯定了他们，就能得到他们所有人的鼓舞！
去吧！
你可以的！
会走运的！
你做得到！
你没有必要孤军奋战！
但如果你否定了现在的自己，那你就接收不到他们对你的鼓励。
加油！

你现在用的是当你烦恼纠结苦思冥想时“十秒开关”的使用方法哟!
就是这个道理!
所以才要从第一课起就开启共时开关!
我和你一起致谢吧!!
是19××年×月×日!
辛苦小姐,你的生日是?
向生日那天道声谢吧!
感谢你……
诞生于世!!

一定会变好的!!
谢谢!
没关系的……
啪
?!
啪
大家的鼓励!!
我感受到了……

哇?!
咔
咔
……
辛苦……小姐？

第十课

试图孤军奋战时

至此，我们终于迎来了最后一课。

一旦开启“十秒开关”，直觉敏锐的人的人生就会变得一帆风顺。“十秒开关”里确实蕴藏着无限可能。因为各位已经开始意识到，不论是在过去还是在将来，最强的盟友都会陪伴在你们身边。

若各位能真正明白这其中的缘由，那你们便不再会是那孤军奋战之人。

这并不代表你们可以什么都不用做，只是当你感

觉到“最强盟友常伴身侧”时，会有一种前所未有的安心，会相信自己的潜力，会拿出勇气付诸行动。

你有过这样的时候吗？你想尝试做一件事，但又觉得自己可能不行，觉得这件事太难了。

如果这时你身边有五个同伴呢？他们对你说：“你绝对可以！”“我会帮你的，一起努力吧！”这时，你会怎样？会不会感觉到有一点勇气了呢？

那如果是十个人呢，二十个人呢……一百个人呢，你又会怎样呢？

那就只能上了！至少我是这么想的！

使用祖先们赐予的力量，一切皆有可能！因为祖先们无时无刻不在鼓励着我们。

但是，如果我们自己都不能肯定自己，又怎么能感受到他们的肯定呢？

比方说，你现在是一个八十岁的爷爷或奶奶，你有一个孙子，他可爱得不得了。你无时无刻都想给他鼓励，他的存在便足以让你眉欢眼笑。

但是，如果那个孩子消极怯懦，成日里想着“活着真让人无奈”“我这样的人没有价值”，会是怎样的光景呢？

届时，无论你多么苦口婆心地鼓励他：“才不是呢！只要你健康快乐我们就很开心了！”他都会充耳不闻。血脉相连的宝贝孙子好不容易才诞生于世，你本该喜悦，却因他的消沉而忧心难受。

所以说，如果你否定了自己，那按照传承血脉进行回溯，你何尝不是否定了自己的祖先们呢？

相反，若你悦纳了自己，不也是对自己祖先们的一种肯定和接纳吗？

你的存在本身就是一个了不起的奇迹啊！

“不愧是我！”当你能这般充分地肯定自己时，你从祖先们那里获得的能量就会源源不断地流入你的体内。因为，所有的祖先都站在你的身后，他们共同守护着你这个最鲜活的血脉。

各位在第八课中学过肯定过去的自己，就会获得过去的自己的鼓励。同理，我们不妨将时间轴拉到更长，你对祖先们的肯定也会让你获得强大的力量。

而且，老师在第九课中也讲过，肯定他人就能改变你的人际关系。在此，我们不妨也将“他人”的范围扩到最大，你肯定了祖先，也会改变你和祖先的关系。

时间轴的长度 × 人数 = 共时性现象产生的强度

原来你不是在孤军奋战，如此一想，是不是顿感轻松了很多？

也会有人产生过这种感觉吧！感觉自己好像打破了空间的界限，与世界融为了一体。

去年，在我身上发生了一件不可思议的事情，让我切实地感受到了祖先们对我的祝福和庇护。

我时隔二十年于去年七月前往岩手县为祖父扫墓。当时，可能大家都认为这也许是最后一次全员聚齐的场合了，所以父亲一方的亲戚都来了。

那是我第一次从父亲的口中听说祖父的事情。

祖父上小学的时候，是一户人家的养子，但是据说那户人家并不怎么重视香火传承。中学二年级的时候，祖父决定卧轨自杀。当时他头枕铁轨静待火车前来了结他的性命，可没想到，恰恰那天火车没有从那儿经过。

后来，“死里逃生”的祖父发奋读书成了一名教师，并在二十岁时成了一所学校的校长。在那里，祖父因缘邂逅了祖母，随后生下了父亲。

此后不久，日本战败，当时正在读小学一年级的父亲和祖父母一同撤离。可谁曾想就在他们乘船撤离途中，一艘客船在他们面前沉没了。

再次幸免于难的祖父回到家乡后，坚持向岩手县的一千多所学校捐赠了“百福”挂轴。挂轴上的百种福字皆出自祖父的亲笔手书，前后一千多件无一不是亲力亲为……

这不禁让我猜想，祖父是打算用捡回来的整个余生来为孩子们祈福祈愿吧！

虽然我是从去年才开始决定将“十秒开关”活用于教育事业的，但冥冥之中，我感觉是祖父在鼓励我投身于这个行业。

这种力量很快又引导着我遇到了另外一个人。

三个月后，我在和歌山参加演讲会时，遇到了福田典子女士。

在联欢会上，福田女士这样和我说：“我母亲总是会和我说起当初他们乘船撤离时，有艘客船不幸沉没了的经历。”

我一听，这不正是我父亲给我讲的祖父当初的经历嘛！

与和祖父写的“百福”字同福的福田女士的相遇，让我感觉到这是一起共时性现象。

在与她的交谈中，我得知我们同出生于札幌，而且她的老家离我的独居小宅非常近！尤其是她曾经还在我现在居住在东京的住所的附近生活过一段时间。更神奇的是，负责我这本书的编辑正好也是负责福田女士的书籍编辑。

这世上，真的有这种偶然吗？

我想这绝对是因为祖先们在关注着我，庇佑着我，才会有此种奇事发生在我身上。

后来，我和福田女士之间还发生了各种各样的事情。对此，我不禁遥想生命之河相连，人与人相遇，奇迹则为人共享。

如上所述，若各位能同自己的祖先们一起打造自己的人生，那你们的人生一定能开启共时长跑，精彩不断！

若是今后各位在人生中遇到了什么困难，一定要将祖先们放在心中，默念这句话："感谢与我血脉相连的所有人！"

由此，与你本质交相辉映、相辅相成的共时性现象一定会开始出现。

好了，以上就是有关"十秒开关"法则的全部课程，感谢大家的学习！

最后再让我们以图画的形式来回顾一下所学内容。

肯定现在的自己，

就是肯定出生时的自己，

肯定与自己血脉相连的祖先们，

如此你便可以收到祖先们对你的鼓励和支持，进而拓宽未来的可能性。

所以，引发巨大共时性现象的第一步就是“肯定现在的自己”。

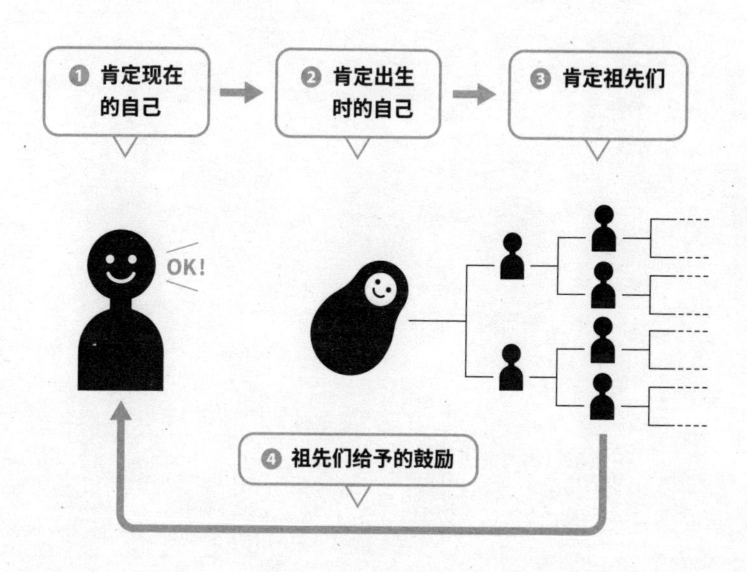

不管现在的你是什么情况，“十秒开关”法则总能帮到你。若你能肯定自己、肯定他人、肯定祖先，那你将会引发多么巨大的共时性现象啊！

请让你这一脉熠熠生辉！

静待各位利用“十秒开关”法则来创造自己的独特人生。

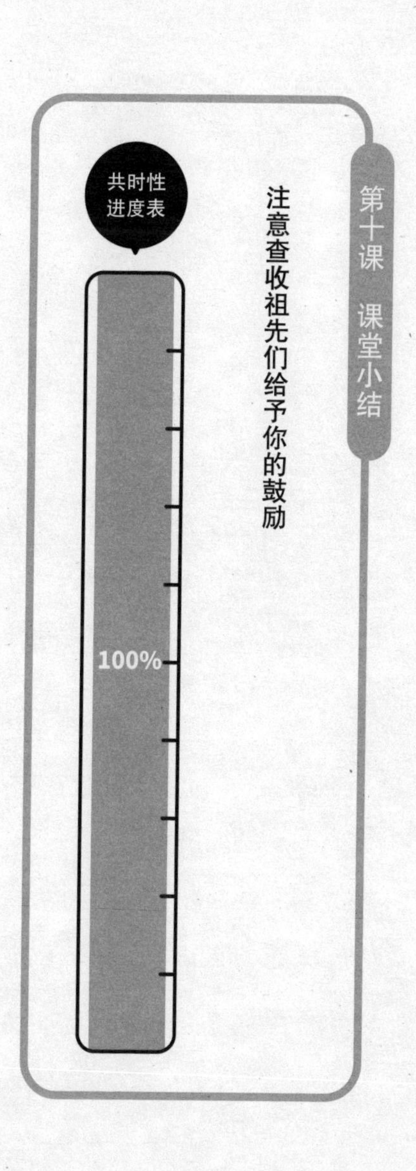
第十课 课堂小结
注意查收祖先们给予你的鼓励
共时性
进度表
100%

辛苦小姐拯救辛苦星

三个月后的辛苦星
啊哈哈
哈
哈
哈
哈
哈
哈
哈
哈
啊哈哈哈哈……
嗖
扑落
扑落扑落

哈
哈
哈
哈
哈
扑落
扑落
花上掉糖果了……
欸？
好吃!!
不能吃那颗糖啊!!

嘎嘣
好好吃！
共时
共时
共时
达成!!
也不知道
砂糖由美
老师现在
怎么样了？

结婚了
感谢你的诞生！
谢谢！
欸?!
你的生日
也是19××年
×月×日?!
共时达成?!
和辛苦小姐
是同一天生
日?！
?

啊哈哈
哈
哈
哈
辛苦小姐……让大家都获得了幸福！！

嗄嘣
啊
哈
哈
哈
共时达成

再次感谢各位对本书的支持。

由辛苦小姐参与主演的这场交织着爱与感动的闹剧在你眼里究竟是怎样的呢？

诚然，这是一个虚拟的故事。在书中，辛苦星球的辛苦小姐利用“十秒开关”法则发掘出了本身所具有的魅力和能力。

然而，艺术源于生活。实际上，这个故事是由真实事件改编而成。

我在人生低谷期时开始写博客，从那时起就有一位读者小姐姐开始关注我。她是我的第一位读者，也是这本书中辛苦小姐的原型。

她现在也是我的一位“铁粉”，每当我发表文章时，她都会积极阅读。是她，从最初到现在，陪伴着我度过了漫长的岁月。

记得刚开始写博客的时候，她经常会给我留言。每次她给我留言的时候，我都会像书中所写的那样去回复她：“我开启‘十秒开关’，向当初决定写博客的自己汇报进度。”

虽然我们未曾谋面，我也不知道她姓甚名谁，但是我知道我们之间建立起了坚固的信任。

写博客也不一定是一件岁月静好的事情啊！

开始写博客几个月后，我在网上被一个人纠缠，这件事当时闹得沸沸扬扬。虽然是对方单方面地无理挑衅，但那时刚开始写博客的我没见过这种阵仗，内心有些忐忑。

那个时候，她是第一个站出来鼓励我的：“Harmony（我当时的网名），我来保护你！我会一直站在你这边！”

这是多么令人暖心又振奋的安慰。因为这件事，我与尚未谋面的她的信任进一步加深了。

一开始，我觉得她肯定是一位彪悍的“女汉子”！嗯，就像哆啦A梦里面的技子一样凶悍霸道。

那之后大概又过去一年，我终于有了一个可以和她见面的机会。结果令我大吃一惊！因为她与我想象的大相径庭，完全就是一位温柔可人的小姐姐。

其实呢，我一开始是打算结合搞笑元素来写我的第一本书的。但是当时因为我觉得自己能力不足，就放弃了这个想法。

这次，因为是要以她为原型进行创作，所以我不假思索，提起笔来，一气呵成。若非如此，这本书也无缘与各位见面。

另外，就像我在尾声部分提到的那样，她确实和我的丈夫是同年同月同日生。而在我人生最痛苦的时候，也是那一位和她同年同月同日生的男性，作为我的人生伴侣陪在我身边，支持着我。

这件事不管从哪个角度来看，都是一种美好的共时性现象！如今回想起来，她从一开始就在支持我、肯定我！也许是我对她的感谢让我接收到了这种力量，进而引发了共时性现象。

在我看来，正是多元和不同使得这个世界充满真正的精彩。不同立场的人们相互影响，相互支持。

伤害我的人也好，帮助鼓励我的人也好，他们都是这个世界上必然存在又必须存在的人。如果不是一开始我写博客的时候，有人在网上攻击我，我就不可能和她建立起如此牢不可破的友情。

世间万事万物皆有联系。所有出现在你生命里的人，总会给你一些无形的助力。

你越深信这一点，越是能够引发共时性现象。

正是因为不同立场的人在相互影响、相互支持，这个社会才美好而和谐。我坚信新的时代会是一个“气淑风和”的时代。

我希望各位今后也能像辛苦小姐一样，感恩人生的各种相遇和经历，用心感受这个世界的多元性，早日引发共时性现象，早日实现理想人生。

2019 年（令和元年）5 月

佐藤由美子